# 中国大气臭氧污染防治蓝皮书

# （2020 年）

中国环境科学学会臭氧污染控制专业委员会　编著

科 学 出 版 社

北　京

# 内 容 简 介

  《中国大气臭氧污染防治蓝皮书（2020年）》共分为七章。从我国臭氧污染问题的现状与演变、臭氧污染的成因与来源、臭氧及其前体物防控技术进展等方面，系统梳理了现阶段我国臭氧污染问题和解决方案的科学认知，提出了我国臭氧污染防治的策略建议，并通过介绍典型区域和城市臭氧污染防治的实践经验，探讨我国臭氧污染防治的策略和路径。

  本书以政府管理人员、专家学者以及从事大气污染防治研究的技术人员、大气环境相关专业的大专院校师生和社会公众为主要读者对象，可为各级政府制定大气臭氧污染防治政策提供科技支撑，为相关人员进行科学研究与技术交流提供专业背景资料，为社会公众了解大气臭氧污染提供科普知识。

**图书在版编目（CIP）数据**

中国大气臭氧污染防治蓝皮书. 2020年 / 中国环境科学学会臭氧污染控制专业委员会编著. —北京：科学出版社，2022.3

  ISBN 978-7-03-071664-4

  Ⅰ. ①中…  Ⅱ. ①中…  Ⅲ. ①臭氧－空气污染－污染防治－研究报告－中国－2020  Ⅳ. ①X511

中国版本图书馆 CIP 数据核字（2022）第 033927 号

责任编辑：李明楠 / 责任校对：杜子昂
责任印制：肖 兴 / 封面设计：蓝正设计

**科 学 出 版 社** 出版

北京东黄城根北街 16 号
邮政编码：100717
http://www.sciencep.com

**三河市春园印刷有限公司** 印刷

科学出版社发行　各地新华书店经销

\*

2022 年 3 月第 一 版　开本：720 × 1000　1/16
2022 年 3 月第一次印刷　印张：8 1/4
字数：139 000
**定价：98.00 元**
（如有印装质量问题，我社负责调换）

# 《中国大气臭氧污染防治蓝皮书（2020年）》编写组

主　　编：张远航

执行主编：郑君瑜　陈长虹

**核心编写成员**（按姓氏汉语拼音排序）：

何建军　胡建林　黄　成　黄志炯　李　红　李　杰　李　歆
李健军　陆克定　谭钦文　唐　伟　王　帅　王红丽　薛丽坤
薛文博　余运波　袁自冰　张宏亮

**参与编写成员**（按姓氏汉语拼音排序）：

安静宇　毕　方　柴文轩　陈敏东　陈文泰　程麟钧　刀　谞
董　灿　杜　丽　方　渊　盖鑫磊　高　锐　龚山陵　郭　海
蒋春来　康明洁　雷　宇　李　洋　李海玮　李敏辉　廖　宏
廖程浩　刘合凡　刘禹含　鲁　君　吕效谱　宁　淼　乔　雪
秦墨梅　申恒青　谭照峰　唐桂刚　王　鸣　王　倩　王　威
王海潮　王晓彦　王彦超　毋振海　徐　勇　徐婉筠　严茹莎
于　扬　张　霖　张　燕　张艳利　赵恺辉　赵秀颖　朱　佳
朱莉莉

# 序

我国的大气臭氧污染问题，既是一个老问题，又是一个新问题。早在 20 世纪 70 年代，我带领北京大学研究团队就在兰州西固开展了臭氧及光化学烟雾污染研究。经过近半个世纪的持续探索，已经形成了一套涵盖臭氧污染演变规律、形成机制、防控策略等方面较为完整的理论体系，成为我国大气环境化学学科发展的重要组成部分。然而，在我国大气复合污染治理逐步走向深入的大背景下，随着 $PM_{2.5}$ 控制取得显著进展，臭氧污染问题逐渐凸显出来，特别是近几年频频出现的长时间、大范围、高浓度的区域性污染过程，成为制约我国环境空气质量实现根本改善的关键问题。如何在 $PM_{2.5}$ 污染还未得到有效控制的情况下开展臭氧污染防控，国外没有成功经验可以借鉴，这又是一个新问题，需要年轻一代科研人员接力开展科研攻关。

臭氧污染具有非线性、动态性、时空差异性等特征，臭氧污染防治需要科研人员、职能部门以及社会各界的通力配合。然而，各方之间通常存在信息鸿沟，制约了科研成果向污染防控策略的有效转化。我欣喜地看到，《中国大气臭氧污染防治蓝皮书（2020 年）》（以下简称《蓝皮书》）以"科学-技术-政策-实践"为主线，以促进科研成果与管理需求的有效对接为着力点，摒弃了烦琐枯燥的科学理论，较为系统地阐述了我国臭氧污染的现状、成因、改善路径并提出了应对方案。《蓝皮书》是一本一站式手册，科研人员、工程技术人员、管理人员乃至社会公众都可以从中汲取到充足的营养。我深信，《蓝皮书》的正式出版将进一步推动我国各层级臭氧污染防治进程，为"十四五"探索 $PM_{2.5}$ 与臭氧污染协同治理的中国路径做出突出和独特的贡献。

唐孝炎

2022 年 1 月 31 日于北京大学燕园

# 前　　言

2013 年 9 月,国务院颁布《大气污染防治行动计划》(以下简称"大气十条"),开启了我国大气污染防治的新纪元。我国大气污染防治取得了明显的阶段性成效,细颗粒物(PM$_{2.5}$)浓度持续下降。然而,大气臭氧(O$_3$)污染呈现快速上升和蔓延态势,近几年多次出现大范围、长时间的臭氧污染过程,臭氧污染成为制约我国空气质量持续改善的瓶颈问题之一。在此背景下,经中国环境科学学会批准,中国环境科学学会臭氧污染控制专业委员会(以下简称"专委会")于 2018 年 9 月正式成立。专委会旨在为科技工作者、政府决策者和相关企业提供沟通交流的平台,促进我国臭氧污染防治的科技发展和知识普及,为推动我国大气污染防治和生态文明建设建言献策。

在臭氧污染防治领域,目前我国还缺少一本系统、科学、全面介绍我国臭氧污染防治现状的科技读物。开展和编写《中国大气臭氧污染防治蓝皮书(2020 年)》(以下简称"《蓝皮书》")被确定为专委会优先工作事项之一。经过深入思考与酝酿,专委会委员在广泛征求业内相关专家学者意见和建议的基础上,本着自愿参与的原则,于 2019 年 9 月成立《蓝皮书》编写组。编写组先后于 2019 年 10 月和 2020 年 1 月在成都和无锡召开了编写研讨会,讨论了《蓝皮书》定位、大纲、编写风格及主要内容等。《蓝皮书》的编写工作原计划于 2020 年 3 月完成,突如其来的新冠疫情导致编写进度有所延迟。疫情期间编写组克服困难,多次召开线上会议讨论编写工作,并于 2020 年 8 月形成《蓝皮书》征求意见稿,广泛征求社会各界意见。根据反馈意见,编写组对《蓝皮书》作了进一步修改完善,于 2021 年 6 月形成了正式书稿。

《蓝皮书》以政府管理人员、专家学者以及从事大气污染防治研究的技术人员、相关专业的大专院校师生和社会公众为对象,较全面地介绍了我国臭氧污染的现况和科学认识,梳理了我国臭氧污染防治的思路和实践,提出了不同层面臭氧污染防治的对策和建议。全书共分为七章,涵盖我国臭氧污染问题的基本认知、现状与演变、成因与来源、技术与管理、行动与路径以及探索与实践等内容。第一章由袁自冰、薛丽坤负责，第二章由李歆、王帅负责，第三章由陆克定、胡建林负责，第四章由李杰、张宏亮负责，第五章由李红、黄成负责，第六章由黄成、谭钦文负责，第七章由李红、袁自冰负责。全书由郑君瑜统稿，张远航审定。

《蓝皮书》编写过程中，生态环境部、国家气象局、北京大学、清华大学、暨南大学、南京信息工程大学、华南理工大学、山东大学、复旦大学、中山大学、中国环境科学研究院、生态环境部环境规划院、中国环境监测总站、中国气象科学研究院、中国科学院大气物理研究所、中国科学院生态环境研究中心、上海市环境科学研究院、广东省环境科学研究院、四川省环境政策研究与规划院、成都市环境保护科学研究院等专委会委员单位等提供了大量的观测资料、基础素材和宝贵意见，邵敏、王韬、范绍佳、陈多宏、伏晴艳、区宇波、翟崇治等专委会委员参与了讨论和审阅，严刚、邵敏、丁爱军、徐晓斌、俞绍才等委员对《蓝皮书》进行了把关和修订，中国环境科学研究院潘凤云与暨南大学郭晴对文字进行了校核，无锡中科光电技术有限公司为本书的编写及讨论提供了场地便利，在此一并对付出辛勤劳动的科技工作者以及一直关心和支持专委会相关工作的各级领导和单位表示诚挚的感谢！

《蓝皮书》仅代表专委会部分学者的观点。我国大气臭氧污染的研究发展迅速，涉及的问题复杂广泛，许多论述可能尚不成熟，因此，在内容选取、资料调研和综合分析以及编写的文字水平等方面难免存在局限和不足，欢迎广大读者批评指正。

《中国大气臭氧污染防治蓝皮书（2020 年）》编写组

2021 年 9 月

# 目　　录

# 第一章 导　　语

2013 年 9 月，国务院颁布了《大气污染防治行动计划》（以下简称"大气十条"），开启了我国大气污染防治的新纪元。8 年来，我国大气污染防治工作取得了举世瞩目的成就。2013～2019 年，全国 74 个重点城市年均细颗粒物（$PM_{2.5}$）浓度下降了 47.2%；然而，臭氧污染却呈现快速上升和蔓延态势。全国 74 个重点城市臭氧年评价值（臭氧日最大 8 小时滑动平均浓度第 90 百分位数，MDA8-90）上升了 28.8%，其中，京津冀、长三角、珠三角和成渝地区分别上升了 34.4%、25.7%、20.3% 和 14.1%。2019 年 9 月下旬，我国中东部地区出现大范围、长时间的臭氧污染过程，污染面积超过 300 万平方千米、持续超过一周，影响波及数亿人口。臭氧污染已成为制约我国空气质量持续改善的关键，开展臭氧污染防治迫在眉睫。

> 臭氧（Ozone）：化学式为 $O_3$。常温、常压下无色，低浓度下无味，高浓度下刺激鼻黏膜产生腥味。具有强氧化作用。1839 年德国化学家首次发现并将这种具有刺激性的气体命名为臭氧，希腊单词为 *ozien*，意为"可嗅的"。

我国臭氧污染的研究工作始于 20 世纪 80 年代兰州西固地区出现的臭氧污染问题。经过近 40 年的科学探索和防治实践，我国科研人员对我国臭氧污染的形成机制和防治策略已经有了一个基本认识。臭氧污染防控虽然具有长期性、艰巨性特征，但欧美国家和我国部分地区的实践证明，只要通过科学、技术、管理、实践的紧密结合，我国完全有能力遏制并扭转臭氧恶化和蔓延的势头，最终为保障公众健康和生态安全，探索出一套臭氧污染防治的中国模式。

> 按照我国《环境空气质量评价技术规范（试行）》（HJ663—2013），采用臭氧日最大 8 小时滑动平均浓度第 90 百分位数（MDA8-90）进行臭氧年评价。针对某一城市，所有国控监测点位臭氧日最大 8 小时滑动平均浓度（MDA8）的算术平均值为该城市的臭氧日评价值，其一个日历年内的第 90 百分位数即第 36 最大值为该城市臭氧的年评价值，用于评价该城市年臭氧污染状况。

《蓝皮书》以习近平生态文明思想为指导，以"科学-技术-政策-实践"为主线，从我国臭氧污染问题的现状与演变、臭氧污染的成因与来源、臭氧及其前体物防控技术进展等方面，系统梳理了现阶段我国臭氧污染问题和解决方案的科学认知，提出了我国臭氧污染防治的策略建议，并通过介绍典型区域和城市臭氧污染防治的实践经验，探讨我国臭氧污染防治的策略和路径。《蓝皮书》各章节及主要内容如下：

第一章概括介绍臭氧污染问题的影响与危害、我国臭氧污染的基本认知和臭氧污染防治面临的重大问题。

第二章介绍 2019 年我国臭氧污染的状况、2013～2019 年我国臭氧污染的时空演变趋势和中国与世界其他国家臭氧污染的比较。

第三章介绍臭氧污染形成的化学机制、影响臭氧污染的气象气候因素，分析臭氧污染的来源。

第四章介绍我国光化学污染监测和预报预警技术、臭氧前体物控制的政策与标准规范和臭氧前体物控制技术。

第五章介绍发达国家和地区臭氧污染防治历程和经验、现阶段我国臭氧污染防治的行动和措施，初步探讨我国臭氧污染防控路径。

第六章介绍近年来珠三角、长三角臭氧污染防控区域实践和上海市、成都市臭氧污染防控城市行动。

第七章总结《蓝皮书》的主要内容，并对下一步臭氧污染防控提出相关建议。

# 第一节　臭氧污染的影响与危害

大气层中超过 90%的臭氧处于平流层内，平流层的臭氧层吸收了 210～290nm波段的全部太阳紫外辐射，从而保护地球上的生命免受强紫外辐射的影响；剩余不到 10%的臭氧处于对流层内，它并非来自直接污染排放，而主要是甲烷（$CH_4$）、挥发性有机物（VOCs）以及一氧化碳（CO）和氮氧化物（$NO_x$）等在太阳光照射下发生光化学反应的产物，是典型的二次污染物。当对流层臭氧特别是近地面臭氧超过自然水平时，会对人体健康、气候变化、植被生态等方面产生显著影响。

根据世界卫生组织的定义，挥发性有机物（Volatile Organic Compounds，VOCs）是在常温下沸点为 50～260℃的各种有机化合物。在我国，VOCs 是指常温下饱和蒸气压大于 70Pa、常压下沸点在 260℃以下的有机化合物，或在 20℃下蒸气压大于或者等于 10Pa 且具有挥发性的全部有机化合物。VOCs 是臭氧生成的重要前体物。

### 1. 人体健康

瞬时或长时间暴露于高浓度臭氧中，会引起哮喘、呼吸道感染等呼吸系统疾病，还能引起中风、心律失常等心血管疾病，以及儿童自闭症和阿尔茨海默症等神经系统疾病，是人类过早死亡的原因之一（US EPA，2014）。臭氧能够刺激呼吸系统产生大量的发炎细胞激素，并引起有毒脂质氧化产物的积累，最终导致呼吸系统局部慢性炎症（Canella et al.，2016）。此外，臭氧可在人体内产生具有强氧化性的自由基，扰乱新陈代谢，诱发淋巴细胞染色体病变，对免疫系统造成破坏，并加速衰老（Rider et al.，2019）。特殊人群（如孕妇、婴幼儿等）暴露于高浓度臭氧中甚至可产生致命威胁（Silva et al.，2013）。

### 2. 气候变化

对流层臭氧可以吸收 8～10μm 的地球红外辐射，是重要的大气温室气体，也是工业革命以来导致全球辐射强迫增加的第三大温室气体，约占整体温室效应的 3%～7%（Worden et al.，2008），其所导致的全球辐射强迫为 $0.40[0.20～0.60]W/m^2$。一方面，臭氧可通过光解影响 OH 自由基的浓度，进一步影响其他温室气体（如甲烷）的大气寿命；另一方面，对流层臭氧影响植物叶片对光能的利用，降低生态系统的固碳能力，也会对全球气候造成间接影响。

### 3. 植被生态

臭氧可通过植物叶片的气孔进入植物体内并产生高活性氧化剂，降低多种光合作用催化酶的含量与活性，抑制光合色素的合成，诱导植物细胞中的叶绿体变异（Van Dingenen et al.，2009）。长期暴露于高臭氧环境中的植被通常表现为叶片泛黄、功能叶片面积减小、生长发育迟缓、衰老过程加速、果实产量降低等（Krupa，

2001）。大量研究证实，臭氧浓度水平的升高对水稻、小麦、棉花等作物的产量造成显著影响（Avnery et al.，2011）。我国臭氧污染导致小麦减产 6.4%～14.9%，随着臭氧浓度的增加，该比例可能会持续上升至 14.8%～23.0%（Feng et al.，2015）。

## 第二节　我国臭氧污染的基本认知

近年来，在生态环境部、科技部、国家自然科学基金委员会等部委和地方省市的部署和支持下，科研人员在珠三角、长三角等区域和上海、成都等城市开展了臭氧污染的科学研究和防控实践，对我国臭氧污染问题形成了一些基本认知和判断。

### 1. 臭氧污染与 $PM_{2.5}$ 污染是一个问题的两种表现

目前，我国大气污染防治以 $PM_{2.5}$ 为重心。$PM_{2.5}$ 既可由污染源直接排放（一次 $PM_{2.5}$）而来，也可由大气光化学反应生成（二次 $PM_{2.5}$）。经过多年的努力，我国一次 $PM_{2.5}$ 排放已显著降低，部分地区 $PM_{2.5}$ 中二次成分占比超过 50%，标志着大气复合污染防控进入了新的阶段。VOCs 和 $NO_x$ 是臭氧与二次 $PM_{2.5}$ 生成的共同前体物，降低臭氧与二次 $PM_{2.5}$ 浓度需要开展 VOCs 和 $NO_x$ 协同控制。因此，臭氧污染与 $PM_{2.5}$ 污染问题本质上同根同源，是大气复合污染在不同季节的两种表现形式。

### 2. 污染源排放结构变化是臭氧污染持续上升的内因

经过近七十年的治理，欧美发达国家臭氧污染总体上呈现稳中有降的趋势；日本与我国同处东亚季风区，其臭氧污染上升趋势已基本得到遏制。然而，在北半球臭氧背景浓度基本维持不变的情况下，我国臭氧背景浓度逐年上升，城市地区臭氧浓度上升幅度较大。不同的研究表明，近年来，我们以 $PM_{2.5}$ 防控为重心的减排措施未兼顾到不同污染物尤其是 VOCs 和 $NO_x$ 减排工作的同步性、协调性等，可能是我国近期臭氧污染持续上升的重要原因之一。如何科学设计氮氧化物和挥发性有机物的协同减排，高效推进臭氧和 $PM_{2.5}$ 持续下降，是下一阶段我国大气污染防治面临的重点任务之一。

### 3. 气象/气候因素是影响臭氧污染的外因

不同时间尺度上,气象和气候因素对我国臭氧污染的影响存在显著差异。静稳、高温、低湿是诱发臭氧污染的重要气象条件。气象条件可以通过影响植被排放 VOCs 的强度影响臭氧的生成,特定的天气过程也会导致平流层或者对流层上层高臭氧气团"入侵"至对流层低层甚至是近地面。臭氧浓度的短期年际变化可能由气象条件或前体物排放改变所致,而臭氧浓度的长期年际变化或年代际变化则主要由前体物排放改变所致。气候变化可能诱发热浪、静稳等极端气象条件,导致臭氧污染事件增加、强度加重、时间延长、频率上升,但气候变化对臭氧浓度年际和年代际变化趋势具有一定的影响,影响机制较为复杂,其贡献尚无明确结论。

### 4. 我国臭氧污染的敏感区和防控策略

我国臭氧污染大致呈现城市和近郊区为 VOCs 敏感区、城镇和农村地区为过渡区或 $NO_x$ 敏感区的特征,但敏感区分布存在明显的日变化、季节变化和年际变化,并且与气象条件密切相关。一般来讲,在 VOCs 敏感区,臭氧污染的防控策略需要在保持现有 $NO_x$ 控制力度基础上强化 VOCs 控制;在过渡区,臭氧污染的防控策略需要 VOCs 和 $NO_x$ 同时加以控制;而在 $NO_x$ 敏感区则以 $NO_x$ 控制为重心,辅以 VOCs 控制。

### 5. 能力建设、研究积累和人才队伍建设

20 世纪 80 年代起,特别是进入 21 世纪以来,我国在大气复合污染成因诊断、来源解析、预报预警、精细化调控等方面取得了长足的进步:臭氧及其前体物的监测、来源与模拟等技术进入国际先进水平,大气氧化性研究跻身国际前列,科研能力、软硬件配置和人才队伍建设均得到了显著提升。目前,我国大气污染防治的内在动力、外部条件、科研水平、区域实践和社会共识已基本具备,探索具有中国特色臭氧污染防治之路的能力已基本形成。

## 第三节　我国臭氧污染防治面临的重大问题

欧美发达国家经验表明,臭氧和二次 $PM_{2.5}$ 污染防控是一项长期和复杂的系

统工程，其控制难度要比一次颗粒物大得多。臭氧污染防控的难点主要体现在以下三个方面：①臭氧的大气寿命较 $PM_{2.5}$ 长、区域输送特征明显，需要厘清不同区域间臭氧污染的物理化学过程；②臭氧与前体物呈非线性关系，削减臭氧前体物排放的方案需要因地制宜；③臭氧前体物 VOCs 来源复杂、种类繁多、活性差异较大，精准控制难度大 [《环境空气臭氧污染来源解析技术指南（试行）（征求意见稿)》编制说明，2018]。我国臭氧的生成与传输机制、前体物排放特征及地形地貌、气象条件等与欧美等发达国家存在显著差异，不能照搬欧美的经验，必须制定符合我国国情和地域特点的臭氧污染防控对策。

当前，我国臭氧污染防治面临以下三个重大问题：

第一，如何做到 $PM_{2.5}$ 和臭氧协同防控？我国部分地区尤其是京津冀和汾渭平原等，是 $PM_{2.5}$ 污染较为严重的地区，短期内大气污染防控的重心仍以 $PM_{2.5}$ 为主。以 $PM_{2.5}$ 防控为核心目标的同时，实施 $PM_{2.5}$ 和臭氧协同控制，是这些地区面临的技术难题。珠三角、长三角等地区大气氧化性强，大气氧化性对臭氧和二次颗粒物生成具有关键影响，如何以臭氧防控为核心，在前体物 VOCs 和 $NO_x$ 精准减排基础上带动 $PM_{2.5}$ 和臭氧协同控制，是这些地区亟待解决的关键问题。

第二，如何建立更精准有效的臭氧防控策略和路径？开展臭氧污染防控首先需要明确臭氧与前体物响应关系及臭氧污染敏感区，这已经取得了广泛共识。但如何在科学认识的基础上开展臭氧污染防控，目前尚缺乏明确的科学工具和具体的指导，臭氧污染控制的科学认知与实际防控的可行性和可达性之间仍然存在脱节现象，与精细化防控紧密结合的科学研究仍然较为缺乏。

第三，如何协调臭氧污染防控治标与治本的关系？在我国主要城市群，臭氧的短期削峰（治标）和长期达标（治本）之间存在对立统一的辩证关系，有利于臭氧短期削峰的防控措施未必能支撑长期达标，长期达标的需求可能随着短期削峰措施的推行变得愈加强烈。如何在两者之间取得平衡，将常规防控与应急防控相结合，将末端和源头治理与四大结构（产业、能源、交通、用地）调整相结合，实现标本兼治，尚缺乏理论指导和科学实践。

# 第二章　现状与演变

2013 年以来全国重点城市开展了臭氧连续在线监测。监测数据表明，我国近地面大气臭氧浓度呈现逐年上升的趋势。不仅如此，臭氧浓度超过《环境空气质量标准》（GB 3095—2012）二级标准限值的天数，臭氧作为首要污染物占比以及受臭氧污染影响城市数目均逐年增加。日益严峻的臭氧污染已成为制约我国空气质量持续改善、实现 2035 年美丽中国宏伟目标的主要障碍。

## 第一节　2019 年我国臭氧污染状况

臭氧污染情况更加严峻。生态环境部监测数据表明[①]，2019 年我国 337 个城市（含地区，余同）臭氧浓度年评价值（除特殊标注外，本文中各大气污染物浓度值均为标准状态，即在 273.15K、101.325kPa 下的测量值）的范围为 89～229μg/m³（图 2.1），平均值为 161μg/m³，与 2018 年相比上升了 6.9%。按《环境空气质量评价技术规范（试行）》（HJ 663—2013）进行评价，176 个城市（按参比状态[②]评价，234 个城市）臭氧浓度年评价值低于国家二级标准限值（GB 3905—2012，160μg/m³）（图 2.2），达标城市占比为 52.2%（按参比状态评价，69.4%），达标城市比 2018 年减少 46 个（按参比状态评价，减少 36 个）。臭氧超标天数范围（按每城市每年计）为 0～103 天，平均值为 28 天，超标率为 0～28.2%，平均值为 7.6%。京津冀、汾渭平原、珠三角、长三角和成渝地区是我国臭氧污染较为严重的区域，其臭氧浓度年评价值的区域平均值分别为 208μg/m³、187μg/m³、186μg/m³、179μg/m³ 和 167μg/m³，显著高于全国平均水平。除成渝地区外，其他重点地区臭氧污染严重城市的臭氧超标天数均在 50 天以上，其中临汾市超标天数高达 103

---

① 我国香港、澳门和台湾地区尚未纳入全国监测体系。
② 根据《环境空气质量标准》（GB 3095—2012）修改单，参比状态指大气温度为 298.15K、大气压力为 101.325kPa 时的状态。

天（图 2.3）。根据中国香港特别行政区环境保护署数据，2019 年香港臭氧浓度年评价值为 152μg/m³，略低于国家二级标准限值（GB 3905—2012，160μg/m³），但较 2018 年，该指标上升了 21%。2019 年香港臭氧超标天数为 25 天，超标率为 6.8%，高于 2018 年的 4.1%。在 9 月 25 日至 10 月 1 日，连续 7 天出现臭氧浓度超标，日评价值的平均值超过 200μg/m³。

　　**臭氧已成为部分城市空气质量不达标（按 AQI 评价）的首要污染物。** 2019 年全国 119 个城市（占比 35.3%）首要污染物为臭氧的天数占比超过 50%（图 2.4），其中，24 个城市位于长三角地区，9 个城市位于珠三角地区，7 个城市位于京津冀地区，3 个城市位于汾渭平原，2 个城市位于成渝地区。22 个城市的 AQI 完全受臭氧污染影响，其中臭氧超标天数排名前 5 位的城市分别是深圳市、湛江市、海口市、汕尾市和惠州市。

　　**出现长时间、大范围的臭氧污染过程。** 2019 年 9 月 23 日，华北平原和珠三角区域首先出现臭氧浓度超标，24 日超标范围扩大到山东半岛、华中、东部沿海和广西地区，且华北、山东半岛和珠三角部分区域臭氧污染达到中度污染以上，25～27 日臭氧污染区域进一步扩大并向内陆延伸，29 日形成了北起沈阳、南至海口、东起宁波、西至重庆的臭氧污染带，覆盖近 320 万平方千米国土面积，污染带内臭氧浓度日评价值的平均值超过 200μg/m³（图 2.5）。

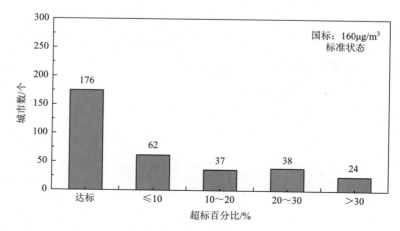

图 2.1　2019 年全国臭氧超标程度对应城市数统计

注：标准状态指温度为 273.15K，大气压力为 101.325kPa 时的状态

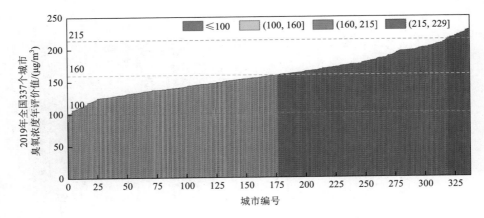

图 2.2　2019 年臭氧浓度年评价值的城市分布

注：城市编号按该城市臭氧质量浓度年评价值由低至高排列，具体如附录 2 所示

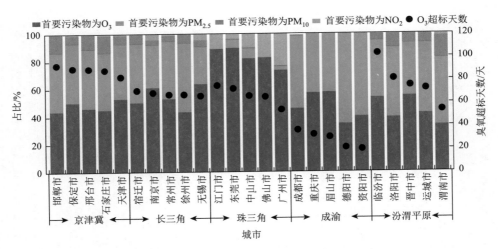

图 2.3　2019 年各区域臭氧超标天数排名前五城市的首要污染物占比

注：京津冀、长三角、珠三角、成渝地区和汾渭平原城市群的划分如附录 3 所示

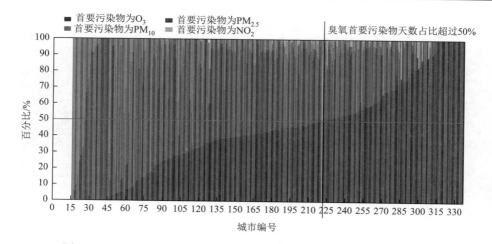

图 2.4　2019 年 337 个城市空气质量超标日中首要污染物天数占比情况

注：超标日包括轻度污染. 中度污染和重度污染；城市编号按该城市臭氧为首要污染物天数占超标日比例从小到大排序，序号如附录 4 所示

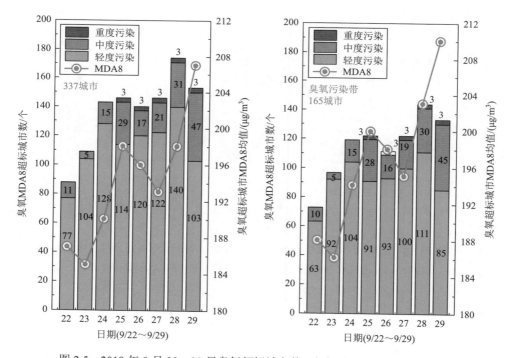

图 2.5　2019 年 9 月 22～29 日臭氧超标城市数及超标城市 MDA8 均值统计

注：臭氧超标污染带城市包括：辽宁省、京津冀地区、山东省、河南省、长三角地区、湖北省、湖南省、江西省、重庆市、广西省、珠三角地区和海南省所有 165 个城市

# 第二节　2013～2019 年我国臭氧污染演变情况

臭氧是环境空气质量评价六参数中唯一持续上升的污染物。相比于 2013 年，2019 年 74 个城市 $SO_2$、$PM_{2.5}$、CO、$PM_{10}$ 和 $NO_2$ 浓度年评价值的平均值分别下降了 75.0%、47.2%、44.0%、42.4% 和 22.7%，而臭氧浓度年评价值的平均值上升了 28.8%。相比于 2015 年，2019 年 337 个城市 $SO_2$、$PM_{2.5}$、CO、$PM_{10}$ 和 $NO_2$ 浓度年评价值的平均值分别下降了 52.0%、22.0%、28.6%、19.5% 和 3.3%，而臭氧浓度年评价值的平均值上升了 20.1%（图 2.6）。同样，臭氧在我国香港地区也呈现上升趋势。相比于 2013 年，2019 年香港 $SO_2$、$PM_{2.5}$、CO、$PM_{10}$ 和 $NO_2$ 浓度的年评价值的平均值分别下降了 59.0%、39.8%、19.5%、33.3% 和 23.7%，而臭氧浓度年评价值的平均值上升了 19.2%。

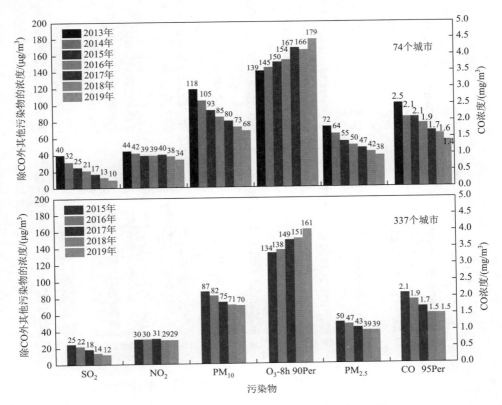

图 2.6　2013～2019 年重点城市污染物浓度年际变化

近5年来，无论是74个城市还是337个城市，臭氧浓度年评价值均呈现上升趋势，且74个城市臭氧浓度年评价值的平均值于2017年超过国家二级标准限值（GB 3905—2012，160μg/m³）。京津冀、长三角、珠三角和汾渭平原四大城市群区域的升幅明显高于我国平均水平（图2.7）。如果仅考虑臭氧污染严重的4~10月，臭氧浓度的年际上升趋势则更为显著，其中京津冀、珠三角和汾渭平原的上升幅度尤为剧烈；2013~2019年，74个城市臭氧MDA8浓度4~10月平均值升速高于臭氧浓度年评价值升速0.85%；2015~2019年，337个城市臭氧MDA8浓度4~10月平均值升速高于臭氧浓度年评价值升速0.62%。

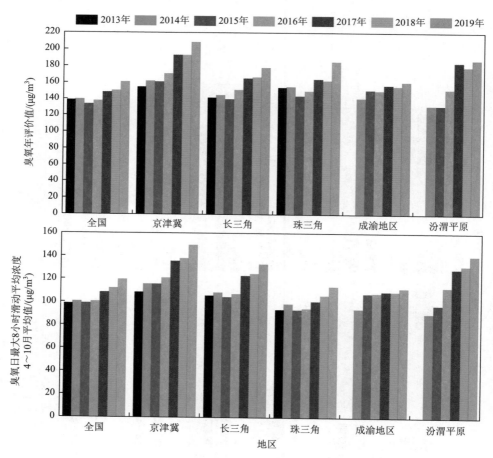

图2.7　2013~2019年全国及主要城市群臭氧浓度年际变化

臭氧污染影响区域逐年扩大，大范围臭氧污染出现频率增加。如表 2.1 所示，2013 年，74 个城市中臭氧年评价浓度超过国家二级标准限值（GB 3905—2012）的城市数为 17 个（占比 23.0%），2019 年增加到 56 个（占比 75.7%）；2015 年，337 个城市中臭氧年评价浓度超过国家二级标准限值（GB 3905—2012）的城市数为 55 个（占比 16.3%），2019 年增加到 161 个（占比 47.8%）；2017 年首次出现臭氧中度污染城市（保定和晋城），2019 年臭氧中度污染城市增加到 18 个。如图 2.8 所示，2017 年以前臭氧污染在各重点城市群区域同时爆发的频率较低，但 2017 年以后臭氧污染的区域分布逐渐由点状向片状发展，2019 年 9 月甚至出现了由东北至华南的跨区域连片污染，影响范围近 320 万平方千米，且持续时间超过一周。

表 2.1　2013～2019 年重点城市臭氧年评价浓度和超标情况统计

| 项目 | | 2013 年 | 2014 年 | 2015 年 | 2016 年 | 2017 年 | 2018 年 | 2019 年 |
|---|---|---|---|---|---|---|---|---|
| 臭氧年评价浓度/（μg/m³） | 74 个城市 | 139 | 145 | 150 | 154 | 167 | 166 | 179 |
| | 337 个城市 | — | — | 134 | 138 | 149 | 151 | 161 |
| 超标城市数/个 | 74 个城市 | 17 | 24 | 28 | 29 | 47 | 49 | 56 |
| | 337 个城市 | — | — | 55 | 61 | 106 | 116 | 161 |
| 轻度污染城市数/个 | 74 个城市 | 17 | 24 | 28 | 29 | 46 | 49 | 48 |
| | 337 个城市 | — | — | 55 | 61 | 104 | 116 | 143 |
| 中度污染城市数/个 | 74 个城市 | 0 | 0 | 0 | 0 | 1 | 0 | 8 |
| | 337 个城市 | — | — | 0 | 0 | 2 | 1 | 18 |

臭氧污染特征具有地域性。从月度变化情况（图 2.9）看：京津冀和汾渭平原臭氧浓度高值主要出现在 5～9 月；长三角臭氧浓度在 4 月开始即出现高值并一直持续到 10 月；珠三角臭氧浓度高值主要出现在 7～10 月；成渝地区臭氧浓度在 4 月开始出现高值并一直持续到 8 月，而且近年来月均最大值常出现在 8 月。总体而言，五大城市群区域臭氧浓度出现高值的月份从春夏向早春和晚秋延伸。从日变化情况（图 2.10）看，臭氧浓度峰值一般出现在午后，大多出现在 15:00～16:00，成渝地区城市群峰值出现在 16:00～17:00，各城市群臭氧峰值由高至低的排序为长三角城市群、京津冀城市群、珠三角城市群、汾渭平原、成渝城市

群。中国香港臭氧浓度的季节特征与珠三角地区其他城市一致，高浓度值均集中在 7～10 月。

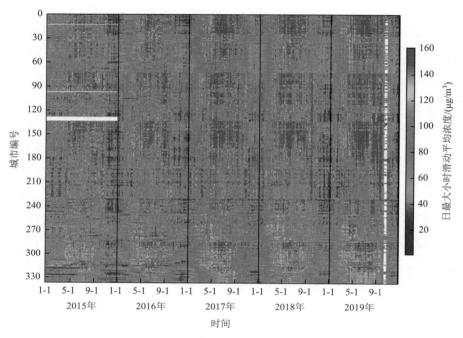

图 2.8　2013～2019 年重点城市臭氧污染日历
注：城市编号按生态环境部 337 个监测站点编号从小到大排序，如附录 5 所示

　　北半球臭氧背景浓度基本维持不变，但我国主要区域臭氧背景浓度呈缓慢上升趋势。2013～2019 年，我国 14 个国家环境空气质量背景点臭氧浓度年评价值的变化趋势存在一定差异，吉林长白山、山西庞泉沟、湖南衡山、海南五指山臭氧浓度呈上升趋势，其他站点则在 120～150μg/m³ 范围波动。将 14 个站点臭氧浓度进行平均后发现，臭氧背景浓度变幅虽然明显小于城市地区的监测值，但是整体呈现缓慢上升趋势（图 2.11）。世界气象组织的大气本底监测数据表明，2013～2019 年间北半球臭氧背景浓度无显著变化。在北半球臭氧背景浓度基本维持不变的情况下，我国臭氧背景浓度逐年上升，而城市地区臭氧浓度上升幅度更大，表明我国臭氧浓度的上升与人为活动密切相关且形势严峻。

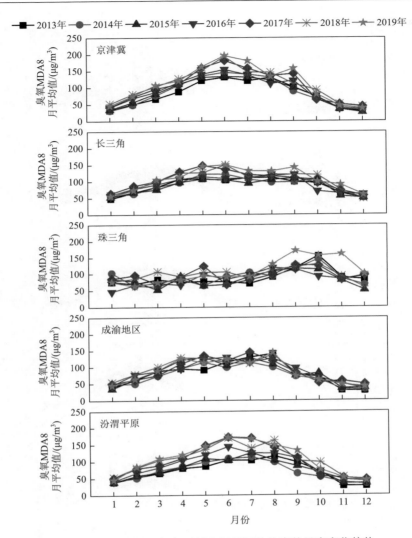

图2.9　2013～2019年各区域臭氧日评价浓度的月度变化趋势

注：京津冀、长三角、珠三角、成渝地区和汾渭平原城市群的划分如附录3所示

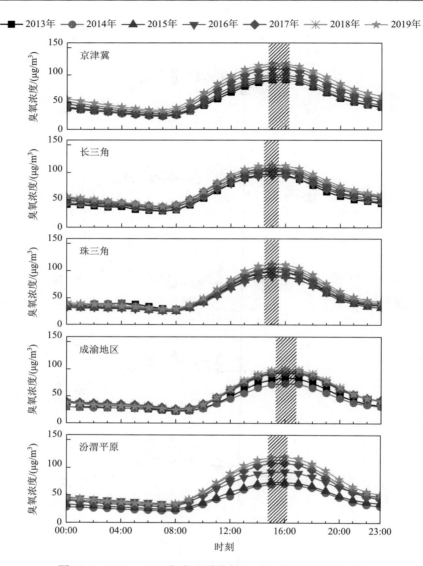

图 2.10　2013～2019 年各区域臭氧小时浓度的日变化趋势

注：京津冀、长三角、珠三角、成渝地区和汾渭平原城市群的划分如附录 3 所示

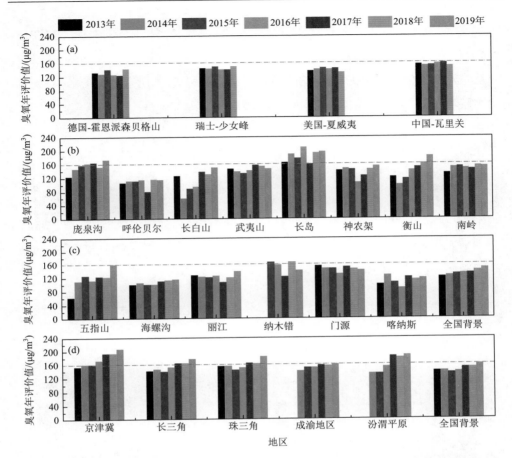

图 2.11 2013～2019 年世界气象组织北半球大气本底站点（a）、中国环境空气区域背景站（b）和（c）、中国城市环境空气质量监测站点（d）的臭氧浓度年评价值的年际变化

## 第三节 中外臭氧污染情况对比

20 世纪 80 年代以来，美国和欧洲的臭氧污染开始明显缓解，日本在 2010 年前后也逐渐趋缓，我国却呈现与之完全相反的快速上升趋势。图 2.12 显示了 2013～2019 年我国 74 个重点城市的 4 个臭氧污染评价指标（4MDA8、AVGMDA8、NDGT70、AOT40，相关说明详见"附录 1"）与 1980～2014 年日本、欧洲和美国城市站点的对比情况。在我国，所有臭氧污染评价指标在过去 5 年中呈现逐年持续增长的趋势。在 74 个城市中，站点平均 DTAVG、4MDA8、Perc98 值（相关说

明详见"附录 1"）以 3.7%～6.2%的速度增长，而臭氧暴露指标 SOMO35、AOT40、W126（相关说明详见"附录 1"）以更快的速度增长，年增长率为 11.9%～15.3%。方差差异检验分析（ANOVA）结果显示，2016～2019 年所有臭氧指标在统计学上均显著高于 2013～2014 年的水平（$p < 0.05$）。

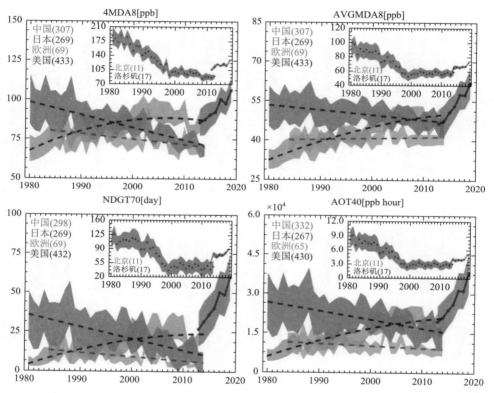

图 2.12　1980～2019 年中国（红色）、日本（紫色）、欧洲地区（橙色）和美国（蓝色）城市站点臭氧水平的演变（1ppb = $10^{-9}$）

　　对比 2013～2018 年我国 74 个城市站点和美国 1151 个臭氧监测站点（从 2010 年起开始运行至今）臭氧 MDA8 第四大值和 MDA8-90（按照标况将体积浓度转为质量浓度，表 2.2）可以发现，我国这两项臭氧污染评价指标均显著高于美国，且我国的逐年上升趋势与美国的整体平稳形成了鲜明的对比。若按美国的评价方法（表 2.3），2015～2019 年我国 74 个城市臭氧污染处于美国 20 世纪 80 年代末期的水平（196 个臭氧观测站点从 1980 年起开始运行至今），并且逐渐恶化。

表 2.2 2013～2019 年中国 74 个城市站点与美国全国（1151 个站点）
臭氧 MDA8 第四大值和 MDA8-90 统计　　　单位：μg/m³

| 统计方法 | 地区 | 2013 年 | 2014 年 | 2015 年 | 2016 年 | 2017 年 | 2018 年 | 2019 年 |
|---|---|---|---|---|---|---|---|---|
| MDA8 第四大值 | 中国 74 个城市 | 189 | 201 | 204 | 204 | 227 | 222 | 236 |
| | 美国全国 | 142 | 141 | 143 | 144 | 143 | 145 | — |
| MDA8-90 | 中国 74 个城市 | 139 | 145 | 150 | 154 | 167 | 168 | 181 |
| | 美国全国 | 122 | 121 | 123 | 122 | 121 | 122 | — |

表 2.3 2015～2019 年中国 74 个城市环境空气臭氧评价值（美国方法）与美国（196 个站点）
环境空气臭氧评价值（1987～1989 年和 2015～2019 年）　　　单位：μg/m³

| 年份 | 中国 74 个城市 | | | 美国（196 个站点） | | |
|---|---|---|---|---|---|---|
| | 10%站点低于此值 | 平均值 | 90%站点低于此值 | 10%站点低于此值 | 平均值 | 90%站点低于此值 |
| 1987 | — | — | — | 161 | 205 | 257 |
| 1988 | — | — | — | 163 | 225 | 289 |
| 1989 | — | — | — | 150 | 192 | 242 |
| 2015 | 153 | 198 | 236 | 129 | 148 | 169 |
| 2016 | 161 | 203 | 237 | 131 | 149 | 171 |
| 2017 | 170 | 211 | 245 | 129 | 148 | 169 |
| 2018 | 174 | 217 | 251 | 126 | 150 | 171 |
| 2019 | 181 | 228 | 261 | — | — | — |

# 第三章　成因与来源

近地层臭氧主要由 $NO_x$ 和 VOCs 经一系列光化学反应生成，其形成受前体物排放、光化学转化及气象因素的共同作用。城市或地区的臭氧来源大致包括全球背景、区域输送和本地生成三个方面。$NO_x$ 和 VOCs 是近地层臭氧生成的两个主要前体物。其中，$NO_x$ 主要源自工业、交通和电厂，而 VOCs 主要源自溶剂使用以及工业、交通、居民源和植被排放等。短期臭氧浓度日变化主要受气象因素的影响，长期变化则受前体物排放及气候的双重影响，具体机制较为复杂。臭氧和二次 $PM_{2.5}$ 生成过程相近又相互影响，且 $NO_x$ 与 VOCs 是两者共同的前体物，因此，$NO_x$ 与 VOCs 的协同减排是实现 $PM_{2.5}$ 和臭氧污染共同控制的关键。

## 第一节　臭氧污染的形成机制

### 1. 臭氧污染的光化学形成机制

Haagen-Smit 等（1952）最早在洛杉矶光化学烟雾污染的研究中提出 $NO_x$ 和 VOCs 是臭氧生成的重要前体物，而甲烷和 CO 的活性相对较低，对于臭氧的生成仅在全球尺度范围中产生作用（Chameides et al.，1992）。VOCs 物种数量很多，臭氧产生的光化学反应可涉及数千个物种、两万多个反应。但目前大多用表 3.1 中的 17 个反应组成的简化机制来概括描述光化学反应的形成过程（Chameides et al.，2000；Environ，2006；唐孝炎 等，2006；王雪松，2002）：反应（1）和（2）是对流层臭氧生成的唯一化学途径；反应（1）～（3）构成了臭氧、NO、$NO_2$ 之间的光化学循环，不会造成臭氧浓度的增加。反应（4）和（5）是对流层 OH 自由基的主要来源，反应（6）是污染城市和地区近地面 OH 自由基的主要初级来源；大气的氧化过程由 OH 自由基驱动，在光化学反应过程中，OH 自由基与多种微量气体反应，控制它们的氧化和去除过程。反应（7）～（13）是自由基的链传递过程，CO 和 VOCs 与 OH 自由基反应生成过氧自由基（$HO_2$·或 $RO_2$·），过氧自由基进一步将 NO 氧化为 $NO_2$，同反应（3）竞争，使得臭氧出现净生成。反应（14）～（17）是自由基链消除的主要过程，在大气中起到了终止大气自由基循环放大过程的作用。

表 3.1　臭氧生成简化化学机制

| 臭氧、NO、$NO_2$ 基本光化学循环反应 | 反应编号 |
|---|---|
| $NO_2 + hv\ (\lambda < 420nm) \longrightarrow NO + O\ (^3P)$ | （1） |
| $O\ (^3P) + O_2 + M \longrightarrow O_3$ | （2） |
| $O_3 + NO \longrightarrow NO_2 + O_2$ | （3） |
| 自由基引发反应： | |
| $O_3 + hv\ (\lambda < 320nm) \longrightarrow O\ (^1D) + O_2$ | （4） |
| $O\ (^1D) + H_2O \longrightarrow OH \cdot + OH \cdot$ | （5） |
| $HONO + hv\ (\lambda < 400nm) \longrightarrow OH \cdot + NO \cdot$ | （6） |
| 自由基传递反应： | |
| $CO + OH \cdot \longrightarrow H_2O + CO_2$ | （7） |
| $VOCs + OH \cdot \longrightarrow RO_2 + H_2O$ | （8） |
| $RCHO + OH \cdot \longrightarrow RC(O)O_2 + H_2O$ | （9） |
| $RCHO + hv \longrightarrow RO_2 + HO_2 \cdot + CO$ | （10） |
| $HO_2 \cdot + NO \longrightarrow NO_2 + OH \cdot$ | （11） |
| $RO_2 \cdot + NO \longrightarrow NO_2 + RCHO + HO_2 \cdot$ | （12） |
| $RC\ (O)\ O_2 + NO \longrightarrow NO_2 + RO_2 \cdot + CO_2$ | （13） |
| 自由基终止反应： | |
| $HO_2 \cdot + HO_2 \cdot + M \longrightarrow H_2O_2 + O_2 + M$ | （14） |
| $HO_2 \cdot + RO_2 \cdot \longrightarrow ROOH + O_2$ | （15） |
| $OH \cdot + NO_2 + M \longrightarrow HNO_3 + M$ | （16） |
| $RC(O)O_2 + NO_2 \longleftrightarrow PANs$ | （17） |

## 2. 臭氧污染与 $PM_{2.5}$ 的复合污染机制

大气中的 $NO_x$ 和 VOCs 在光照条件下引发了 OH 自由基化学反应并生成臭氧，在此过程中也将 $NO_x$、$SO_2$、VOCs 氧化并生成二次颗粒。高浓度臭氧可以和二次 $PM_{2.5}$ 污染并存，形成大气复合污染。我国城市群区域广泛存在着大气复合污染，强氧化性是形成大气复合污染的驱动力，在大气复合污染过程中产生大量臭氧和二次 $PM_{2.5}$，两者同根同源，是一个问题的两种表达。OH 自由基和 $HO_x$ 自由基（统称为 $HO_x$ 自由基）化学反应机理是理解区域大气复合污染的理论核心。Levy（1971）首先提出了全球背景地区的 $HO_x$ 自由基大气化学机制。OH 自由基促使人为活动排放的一次污染物向二次污染物转化，是导致大气组分变化的重要原因。光化学烟雾、灰霾和酸雨等污染现象都是大气复合污染在不同时空条件下的表象。相较于一次污染物，臭氧、硝酸盐、硫酸盐和二次有机气溶胶等二次污染物对光化学烟雾的形成、酸雨的形成和全球气候变化的影响更为明显。由此可见，臭氧和二次 $PM_{2.5}$ 的生成具有共同来源，$NO_x$ 与 VOCs 是两者生成的共同前体物，在不同污染物排放构成和不同气象与环境条件下，反应生成的主要污染物类型和浓度水平具有显著的差异，因此在实行污染控制时要开展多污染物协同控制（Shao et al.，2006）。具体大气复合污染机制示意如图 3.1 所示。

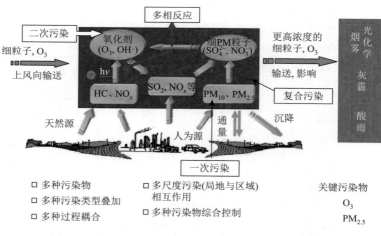

图 3.1　大气复合污染机制示意图（Shao et al.，2006）

$HO_x$ 自由基主导的氧化过程导致了一次污染物的去除和含氧 VOCs（OVOCs）、$NO_2$、臭氧和二次 $PM_{2.5}$ 的生成，因此自由基是大气复合污染的关键驱动力。国内外 OH 自由基的实测研究有力推动了对臭氧和 $PM_{2.5}$ 等大气污染过程成因的认识。1998～2006 年，美国、德国、英国、日本等国家的研究小组在全球重要的城市进行了十余次外场观测实验，为自由基化学研究提供了丰富的测量数据。北京大学大气自由基化学研究团队在京津冀、珠三角、长三角、成渝等地区开展了十余次自由基观测实验，深化了大气 $HO_x$ 自由基化学反应机制和科学认知，并发现了一些自由基反应新机制的存在（Lu et al.，2012；Lu et al.，2013；Lu et al.，2014；Lu et al.，2019a；Lu et al.，2019b；Tan et al.，2017；Tan et al.，2018）。$HO_x$ 自由基化学是环境科学和化学研究的学科热点和前沿，新机制的发现正在显著提升和改善现有模型对臭氧和 $PM_{2.5}$ 的解析和预报能力，影响着臭氧污染防治策略的制定。图 3.2 显示了大气自由基循环机制和臭氧光化学产生的过程。

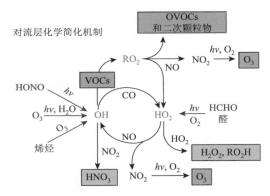

图 3.2  大气自由基循环机制和臭氧光化学产生示意图

### 3. 臭氧污染和前体物的关系

#### （1）臭氧污染与 $NO_x$ 和 VOCs 的敏感性分析

臭氧浓度与 $NO_x$ 和 VOCs 排放的响应关系是非线性的。根据臭氧产生对 $NO_x$ 和 VOCs 的敏感性不同，可将臭氧生成分为 $NO_x$ 控制区、VOCs 控制区和过渡区（如图 3.3），针对臭氧污染控制区开展分区防控是目前臭氧污染防控的主要政策手段。我国典型城市群区域 VOCs 控制区和 $NO_x$ 控制区分界线对应的 VOCs 反应活性与 $NO_x$ 反应活性的比值约为 3∶1～4∶1（蒋美青 等，2018）。准确划定臭氧生成控制区是制定臭氧污染前体物减排措施的科学依据。臭氧污染主控区的识别方法主要包括集合指示剂法、观测模型法和空气质量模型法等。

基于集合指示剂法、观测模型法和空气质量模型法判断，我国大部分城市属

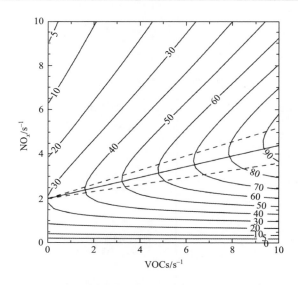

图 3.3　我国东部城市群典型条件下的经验动力学模型模拟结果（EKMA）

注：横轴为人为源 VOCs 的 OH·反应活性；纵轴为 $NO_x$ 的 OH·反应活性；等值线为局地臭氧产生速率，ppbv/h。黑色实线为臭氧产生速率等值线图的脊线，脊线上方为 VOCs 控制区，下方为 $NO_x$ 控制区；黑色实线两侧虚线包围的部分表示了 VOCs 控制和 $NO_x$ 控制的过渡区（1ppbv：十亿分之一容积）

于 VOCs 控制区，其关键性物种为芳香烃和烯烃类；在乡村、郊区等地区，臭氧生成多属于 $NO_x$ 控制区或过渡区。目前，京津冀、长三角和珠三角等地区开展了大量臭氧与前体物敏感性研究。现有研究表明，臭氧生成敏感性存在明显的时空差异。同一地点不同时间可能呈现不同的臭氧污染控制区，且存在日变化和季节变化。例如，在京津冀、长三角和珠三角等地的研究发现，当地臭氧生成的控制区在早上为 VOCs 控制区，在下午则转变为 $NO_x$ 控制区（Lu et al.，2010）。基于观测模型法，研究中还可采用烟雾产量模式法（SPM）来判定臭氧生成的控制区。有限的研究显示，在珠三角地区以及台湾地区的应用中发现上述地区臭氧生成主要为 VOCs 控制区（Li et al.，2014；Peng et al.，2011）。同一时段，城市、郊区和远郊区可能分别属于不同臭氧污染控制区，一般城市属于 VOCs 控制区，而远郊区属于 $NO_x$ 控制区，郊区则处于过渡区（Wang et al.，2017；蒋美青 等，2018）。为支撑精准管控，需要提高臭氧污染控制区划分的时空分辨率。基于卫星观测的 HCHO 和 $NO_2$ 数据的综合分析显示，近 10 年来我国大多数农村地区依旧为 $NO_x$ 控制区，但是京津冀、长三角和珠三角及周边地区属于过渡区的范围在扩大（Jin et al.，2015）。

（2）臭氧污染控制的关键活性 VOCs 物种

大气 VOCs 种类繁多，各组分的化学反应活性和反应机制差异较大，对臭氧的生成贡献也不尽相同，仅从浓度（或排放量）角度分析不足以反映 VOCs 在大气光化学转化中对臭氧污染的贡献。目前，估算 VOCs 对臭氧生成贡献的方法主要有 OH 自由基反应活性、最大增量反应活性（Maximum Incremental Reactivity，MIR）和臭氧生成潜势（Ozone Formation Potentials，OFP）等（Atkinson et al.，2004；Carter，2000；Carter，2008）。

OH 自由基反应活性是描述 OH 自由基与大气中其他物质的反应能力，是表征 OH 自由基总去除能力的一个参数。京津冀及周边、长三角、珠三角以及成渝地区的研究结果表明，VOCs 活性水平以及优势物种存在显著的地区差异（图 3.4）。京津冀及周边地区的优势 VOCs 活性物种为烯烃；长三角地区 VOCs 反应活性较强的物种为烯烃和芳香烃；珠三角地区则因其茂盛的植被分布，OH 自由基反应活性最强的物种为以异戊二烯为代表的天然源 VOCs；成渝地区的 OH 自由基反应活性最强，这与当地的产业结构密不可分，尤其是石化区中烯烃的 OH 自由基反应活性较高。

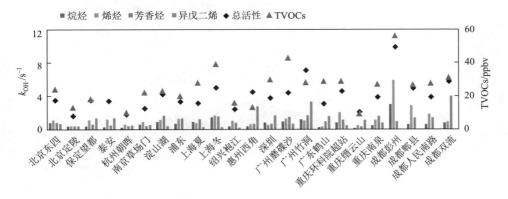

图 3.4  我国典型区域的 VOCs 活性组成

最大增量反应活性，即在给定的 VOCs 气团中增加单位量 VOCs 所产生的臭氧浓度的最大增量，用于计算 VOCs 在不同初始浓度时对臭氧的最大贡献量（Carter，1994；Carter，1996），从而量化 VOCs 对臭氧生成的贡献，即 OFP。最大增量反应活性存在着明显的空间差异，与美国 39 个城市的 MIR 相比，我国最活跃 VOCs 与最惰性 VOCs 之间的 MIR 差异范围更大。使用美国 MIR 会显著低估我国 VOCs 对臭氧生成的贡献量，并且对臭氧生成关键物种的判断也存在差异（邱婉怡 等，2020）。

4. 颗粒物对臭氧的影响

尽管颗粒物和臭氧属于不同类型的污染物，但二者之间可以通过多种途径相互作用。研究发现，$PM_{2.5}$ 和臭氧浓度在夏季呈正相关、在冬季呈负相关（Jia et al.，2017；Zhu et al.，2019）。臭氧浓度在一定程度上能够反映大气氧化能力，臭氧的光化学形成能够为二次 $PM_{2.5}$ 的生成提供所需的氧化剂，从而促进二次 $PM_{2.5}$ 的化学生成。与此同时，颗粒物可以通过散射或吸收太阳辐射改变光解速率和颗粒物表面的非均相化学反应两种途径来影响臭氧的浓度变化（图 3.5）。

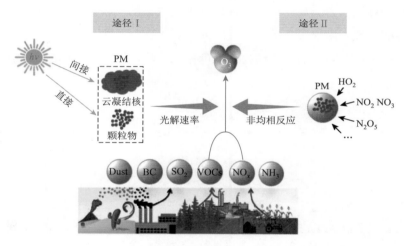

图 3.5　颗粒物影响臭氧的两个途径
注：Dust：沙尘，BC：黑碳

颗粒物具有直接辐射强迫的作用。Dickerson 等（1997）率先在 *Science* 期刊上报道了气溶胶对臭氧的影响，他们发现在美国马里兰地区，散射型气溶胶对臭氧浓度的增加作用高达 20ppb，吸收型气溶胶则可以降低臭氧浓度达 24ppb。Castro 等（2001）在墨西哥墨西哥城观测发现，气溶胶衰减紫外辐射进而减少地面臭氧浓度，约 30～40ppb。在希腊克里特岛长达 10 年的观测中，Benas 等（2013）发现气溶胶对光解速率常数的影响在 3%左右。整体上,研究发现吸收型气溶胶对光解速率常数的减弱作用在 3%～33%,造成的臭氧浓度降低在 24～40ppb;散射型气溶胶对光解速率常数的增强作用在 11%～18%,对臭氧的增强高达 20ppb。因而,吸收型颗粒物浓度下降,臭氧浓度上升;而散射型颗粒物浓度下降,臭氧浓度也会下降。除了辐射强迫作用,颗粒物的非均相反应可能产生自由基的前体物,如 HONO,也可能对自由基($HO_2\cdot$)或其活性前体物($N_2O_5$)产生清除作用,从而促进或抑制臭氧的生成。近期一项模型研究的结果表明,颗粒物污染的下降主要通过减少对 $HO_2$ 自由基的摄取作用导致了我国东部城市群区域臭氧浓度的升高(Li K et al.,2019),该研究的主要不确定性包括 $HO_2\cdot$摄取系数的定量模拟等(Tan et al.,2020)。综合而言,颗粒物与臭氧的相互作用机制复杂,虽然已有一些定性认识,但在主导机制和定量层面还存在较多争议,如颗粒物的辐射特性、颗粒物表面非均相反应的速率和影响因素等,这些均是目前环境科学和大气学科的研究热点和前沿。

综上,经过数十年的研究,人们认识到:①对流层臭氧和二次 $PM_{2.5}$ 的生成均来自于以大气自由基为主导的 $NO_x$ 和 VOCs 等的光化学氧化过程,两者是一个问题的两个方面,同根同源;②$O_3$-$NO_x$-VOCs 之间存在非线性响应关系,定量非线性响应关系是形成臭氧污染防治策略的科学基础。由于 $O_3$-$NO_x$-VOCs 非线性响应关系具有时空特异性,需要针对特定区域开展针对性的研究加以定量;③近期的研究发现了不少 $NO_x$ 和 VOCs 光氧化过程中新的反应机制,这是准确定量 $O_3$-$NO_x$-VOCs 非线性响应关系的前提,亟待厘清;④颗粒物通过辐射强迫和非均相反应可以影响臭氧生成,其中关键动力学参数和影响幅度亦亟待科学定量。

## 第二节　臭氧污染形成的气象和气候因素

臭氧是光化学反应的产物,臭氧浓度的高低与温度、湿度、辐射、风速、边界层高度等气象要素密切相关,高温、低湿、光照充足的气象条件有利于臭氧的形成。不同尺度天气和气候变化对臭氧影响程度不同,短期臭氧污染事件受气象因素诱导,长期臭氧污染变化趋势在一定程度上受气候变化的影响,气候变化也可以通过影响极端天气气候事件的频率和强度来影响臭氧浓度。

气象条件主要通过以下途径影响臭氧浓度：①影响臭氧及前体物的输送和扩散过程；②辐射和气温等气象要素的变化导致大气氧化性发生变化，进而影响臭氧的光化学形成；③影响植被 VOCs 等排放发生变化，间接影响臭氧浓度。图 3.6 显示了气象条件影响臭氧浓度的主要过程。由于气象影响臭氧具有较强的时空尺度特征，本节将从气象要素、天气系统和气候变化等几个方面来阐述和分析它们对臭氧污染的影响。

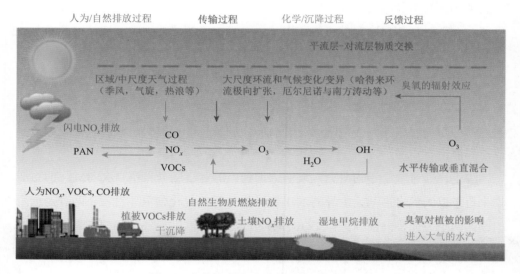

图 3.6　气象条件影响臭氧浓度的主要过程

## 1. 气象要素影响

气象过程的辐射条件和带动力条件显著影响臭氧的生成，气象条件对臭氧生成的影响程度与区域大气化学条件密切相关，气象要素对臭氧浓度的影响具有区域、季节和尺度的特征。从局地尺度看，短期的臭氧浓度变化受当地气象因素控制（Ding et al.，2004；He et al.，2017；Zhao et al.，2016），晴空、高温、低湿、小风有利于臭氧污染的形成（He et al.，2017；Jacob et al.，2009；刘建 等，2017）。从区域动力传输尺度看，近地面臭氧及其前体物的水平输送大多在边界层内进行，受盛行风向、局地环流和大气边界层结构的共同影响（Ding et al.，2006；Ding et al.，2008；Moghania et al.，2018）。

表 3.2 展示了京津冀、长三角和珠三角地区在 2013～2018 年夏季日地表臭氧与选定的气象要素之间的相关性（Zhang B et al., 2019）。分析显示，我国大部分地区近地面臭氧浓度与气温和边界层高度呈显著正相关，与相对湿度和云量呈显著负相关。但也有明显的区域差异：在京津冀和珠三角地区，近地面臭氧浓度与温度的相关性较高，而长三角地区的相关性较低；京津冀近地面臭氧浓度与850hPa 的经向和纬向风呈正相关，而长三角和珠三角则呈负相关；珠三角地面臭氧浓度与 850hPa 位势高度呈负相关，而长三角则呈正相关。

表 3.2　我国东部近地面臭氧与气象要素之间的相关性（$r$）

| 气象要素 | 京津冀 | 长三角 | 珠三角 | 东部地区 |
|---|---|---|---|---|
| 2m 温度 | 0.45 | 0.15 | 0.36 | 0.26 |
| 2m 相对湿度 | −0.30 | −0.53 | −0.48 | −0.39 |
| 云量 | −0.40 | −0.40 | −0.34 | −0.35 |
| 行星边界层高度 | 0.15 | 0.11 | 0.11 | 0.14 |
| 850hPa 纬向风 | 0.18 | × | × | × |
| 850hPa 经向风 | 0.21 | −0.27 | −0.49 | −0.11 |
| 850hPa 垂直风 | × | × | × | × |
| 850hPa 风速 | × | −0.34 | −0.32 | −0.17 |
| 850hPa 位势高度 | × | 0.13 | −0.21 | × |
| 海平面气压 | −0.12 | × | −0.28 | × |

注：若 $r$ 显著（$p<0.05$），则显示区域平均值 $r$；若 $r$ 不显著，则显示为"×"。

气象要素对臭氧的影响也有季节性的差异：春季与秋季，温度是我国臭氧浓度变化的主导因子，而相对湿度主要影响南方城市的臭氧浓度；夏季，温度是部分区域的主导因子，而相对湿度对少部分区域产生主导影响；冬季，由于温度低，以温度为主导的城市数量急剧减少，以湿度为主导的城市数量与温度相近（Chen et al., 2020）。

### 2. 天气系统影响

不同尺度天气系统发展及演变影响臭氧的输送：与极锋急流相联系的平流层空气侵入，导致对流层臭氧浓度的增加（James et al., 1995; Ding et al., 2006;

Wang et al.，2019）；副热带急流能够导致平流层的空气进入对流层（Gouget et al.，1996），导致对流层上层臭氧浓度升高（郑永光 等，2008）；热带气旋驱动对流层与平流层气流的相互交换，从而引起近地面臭氧浓度升高（Jiang et al.，2015）；天气形势的周期性变化，也会导致臭氧浓度周期性变化（He et al.，2017；Liu N et al.，2018）。中小尺度天气系统是导致臭氧浓度日变化的重要原因（Gao et al.，2019；Hu et al.，2012；Lai et al.，2009；Peng et al.，2011；Sillman，1999；Xie et al.，2016）；热带气旋环流影响我国东南沿海臭氧浓度，其外围大范围的下沉气流易引起高浓度臭氧污染事件（Shu et al.，2016）；海陆风的影响，使午夜到中午的离岸风将臭氧前体物从内陆和沿海地区吹到海洋上空，下午海风则将含有臭氧的气团吹回岸上，在 13:00～14:00 形成臭氧浓度高值（Ding et al.，2004）。

3. 气候变化影响

一般认为全球变暖使得近地面臭氧浓度升高，但气候变化对臭氧浓度的影响小于人为排放变化的影响（Chen et al.，2019；Liu et al.，2013；Meleux et al.，2007；Sun et al.，2019；Yin et al.，2019）。另外，全球变暖导致臭氧天然前体物——异戊二烯排放量增加（Sanderson et al.，2003），进而导致臭氧浓度升高。

不同的气候系统（如厄尔尼诺南方涛动、北大西洋涛动、北极振荡、东亚季风指数等）存在周期性变化，也可导致大气扩散条件和臭氧浓度周期性变化（Xue et al.，2020；Yang et al.，2014；郭世昌 等，2007；）。东亚季风变化能够引起我国南部地区 10%左右的臭氧年际差异（Yang et al.，2014），在部分时段气候变化导致的地面臭氧浓度的年际变化甚至大于人为前体物排放的变化作用。然而，气候变化对臭氧影响的定量分析目前还存在较大的不确定性（Fu et al.，2019）。

综上所述，气象要素和天气系统对臭氧的影响主要体现在对臭氧的化学形成、传输和天然源前体物的排放上，其中温度、湿度、辐射及边界层高度是主要影响因素。气候变化以及极端天气（气候）也可通过改变气象条件进而影响臭氧浓度。需要指出的是，这些要素对我国臭氧的影响有较大的时空差异，具体的量化分析要考虑区域的气象和前体物排放特征。这也是需要因地制宜制定臭氧防控策略的原因之一。

# 第三节　我国臭氧污染的主要来源

本节主要阐述臭氧前体物 $NO_x$、VOCs 的主要来源和臭氧的水平及垂直传输特征和影响因素。判定臭氧来源是臭氧污染防治的基础。通过解析臭氧污染来源可识别各类 $NO_x$ 和 VOCs 排放源对前体物和臭氧污染的贡献，明确本地与外地传输对臭氧污染的贡献，指明前体物排放重点控制区域和污染源，为臭氧污染防治提供科学依据。臭氧污染源解析具体的技术方法和进展将在第四章第一节进行讨论。

## 1. 臭氧前体物 $NO_x$ 和 VOCs 的主要来源

2017 年我国人为源 $NO_x$ 主要来源于工业、交通和电厂的排放（图 3.7），相比于 2013 年，我国 $NO_x$ 排放量下降约 21%（Zhang Q et al.，2019）。根据各主要城市大气污染源排放清单的估算，城市地区至少有一半的 $NO_x$ 来自机动车排放，其余则主要由工业和电厂排放。

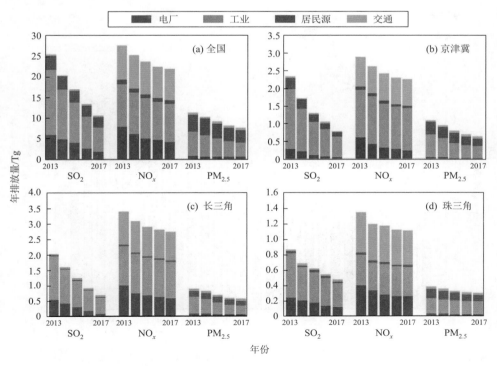

图 3.7　2013～2017 年全国及重点区域 $NO_x$ 排放变化趋势（Zhang Q et al.，2019）

　　臭氧前体物 VOCs 的来源可分为人为源和天然源。天然源包括生物排放（如植被、土壤微生物等）和非生物过程（如火山喷发、森林或草原大火等），人为源主要是化石燃料燃烧（如汽车尾气、煤燃烧等）、生物质燃料燃烧、油气挥发和泄漏（如汽油、液化石油气、天然气等）、溶剂挥发（如油漆、清洗剂和黏合剂等）、石油化工、烹饪和烟草烟气等（图 3.8）。2010 年以后，我国溶剂使用和工业源 VOCs 排放逐年增加，而交通和居民源 VOCs 排放有所减缓（Li M et al.，2019）。在 OFP 较高的 VOCs 物种中，甲苯、二甲苯主要来自溶剂使用，乙烯和丙烯主要来自工业和居民源（Li M et al.，2019）。在长三角、珠三角、成渝地区等区域，天然源 VOCs 年排放量与人为源的贡献在量级上具有可比性（Huang et al.，2011；Jiang et al.，2015；Liu Y et al.，2018；Mao et al.，2016；Zheng et al.，2009；Zhou et al.，2019）。城市地区 VOCs 排放主要来自人为源，包括移动源、工业源、溶剂使用等。从目前进展看，臭氧生成研究需要高度关注含氧 VOCs 特别是醛类化合物的来源。

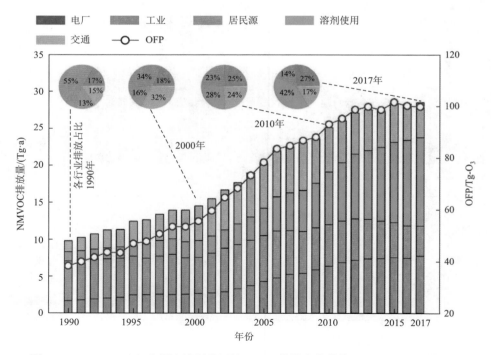

图 3.8　1990～2017 年中国人为源非甲烷 VOCs 排放变化趋势（Li M et al.，2019）

需要指出的是，NO$_x$ 和 VOCs 排放源的贡献与实际大气的浓度贡献占比存在差异。基于 VOCs 观测并结合受体模型可得到较为详细的 VOCs 行业来源信息。各地区 VOCs 重点行业呈现明显的差异性，如南京市的石化行业对当地 VOCs 具有较大贡献（Wang M et al.，2020）。通常城市地区的移动源 VOCs 排放对局地臭氧化学生成影响较大，溶剂使用、液化石油气使用、工业源等行业也是重要的 VOCs 排放源（Liu et al.，2019；Song et al.，2019）。天然源排放在北京、上海、南京和四川占比为 2%～15%，且夏季高于冬季。

2. 臭氧的区域输送

（1）臭氧的区域间及区域内输送影响

臭氧及其前体物 NO$_x$ 和 VOCs 在区域间或区域内城市间存在相互输送与影响，因此要从根本上解决臭氧污染问题，需要区域联防联控。以 2010 年为例（图 3.9），区域内排放的前体物光化学反应是臭氧生成的最主要来源，但外部输送对京津冀、长三角、珠三角和成渝地区的臭氧污染贡献亦不可忽视（Li et al.，2016）。2008 年北京奥运会期间的臭氧高污染时段，北京以外的输送贡献达到 35%～65%（Streets et al.，2007）。2015 年夏季华北平原发生的一次臭氧重污染过程中，北京

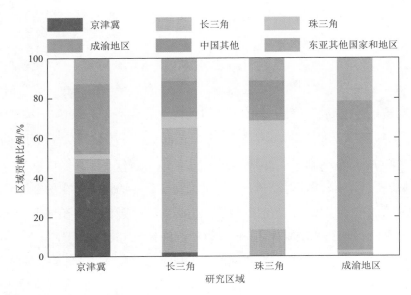

图 3.9　我国不同地区本地积累和区域输送（含跨境区域）对臭氧污染的贡献（Li et al.，2016）

和天津超过 30%的臭氧浓度来自山东和河北（Han et al.，2018）。2013 年长三角地区一次典型夏季臭氧污染时段中，长三角以外的区域输送对上海、江苏和浙江的贡献分别达到了 43%、49%和 60%（Li et al.，2015）。安徽、山东、河南—河北对长三角的臭氧污染贡献分别为 16.2%、13.6%和 9%（Gao et al.，2016）。成都市的大气污染输送研究也表明，成都市的 $PM_{2.5}$ 污染以本地排放贡献为主，但区域输送对成都市的臭氧污染有着重要的作用（刘强 等，2020）。长距离的跨境传输对我国东部地区地面臭氧的贡献较小（Fu et al.，2012），但也有研究表明跨境传输对我国高空（特别是 2km 以上高度）的臭氧有重要贡献，且不可忽视（Ni et al.，2018）。

　　另外，区域内城市间的大气污染输送对臭氧污染有着重要的贡献。周边地区的污染输送对北京的臭氧浓度有着不同程度的影响，影响较大的地区是天津、张家口、保定和廊坊，其中影响最大的是保定，对北京市区的贡献率最大可达 28%（王自发 等，2008）。长三角地区的研究发现，无锡、苏州和上海等东部地区臭氧及其前体物的区域输送，对下风向南京及西部地区的臭氧高污染有重要影响（Hu J et al.，2018；Xu et al.，2018）。珠三角地区排放对夏季臭氧污染日的贡献达到70%，秋季达到 50%（Li Y et al.，2012）。在珠三角秋季臭氧污染季节，排放源区一般对下风向 40km 范围内的地区臭氧污染贡献最大（沈劲 等，2015）。

　　（2）臭氧的垂直输送影响

　　对流层底部的臭氧是人为和自然过程排放的 $NO_x$ 和 VOCs 在光化学反应下生成的产物。臭氧的垂直混合可以强烈影响臭氧在对流层中的分布。许多研究已经证明，对流层高空臭氧含量更高的空气可能向下混合到地表，造成地表臭氧浓度升高。经上海观测发现，2016 年 5 月 18 日地面臭氧浓度受到从高空 1500m 以上的输送影响（Zhang K et al.，2019）。在一定的气象条件下，臭氧可以在白天边界层中形成并积累；夜间辐射冷却导致近地面稳定表层的形成，在稳定边界层以上和高层逆温层下形成夜间臭氧的残余层。由于 $NO_x$ 排放源大多在地表，残留层中的臭氧由于没有 $NO_x$ 的滴定作用，也没有干沉降去除，其浓度可维持在较高水平。夜间高空残余层中的臭氧可以在夜间随盛行风远距离输送。在早晨太阳开始加热地面时，对流混合加强，混合层逐渐发展。随着混合层的生长，残余层中的臭氧可被带入混合层中，导致下风向地区地面臭氧浓度迅速增加（图 3.10）。多项研究证实，这一过程可影响清晨地面臭氧浓度，并促成了边界层日间臭氧积累（Hu et al.，2018；Xu et al.，2018）。在夏季夜晚出现对流性天气过程（如雷雨）时，残余层中的高浓度臭氧也可被快速输送到地表，从而造成夜间地面臭氧浓度的大幅度升高（贾诗卉 等，2015）。

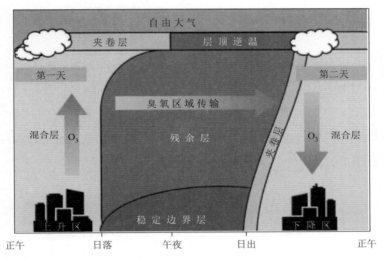

图3.10　夜间残留层的垂直混合对臭氧的影响示意图（Hu et al.，2018）

综上所述，臭氧前体物 $NO_x$ 的主要来源是工业、交通和电厂；VOCs 主要有人为源和天然源，其中城市地区 VOCs 排放主要来自人为源，包括移动源、工业源、溶剂使用等；"十二五"以来，$NO_x$ 的排放已开始出现下降，但 VOCs 的排放多处在平台期或上升期，亟待有效管控。$NO_x$ 和 VOCs 的大量排放，驱动了城市、区域和全球层面臭氧的光化学生成和积累。臭氧存在明显的区域间水平输送和垂直混合，可以强烈影响臭氧的时空分布。

# 第四章 技术与管理

降低 $NO_x$ 和 VOCs 排放是控制臭氧污染的根本途径。经过几十年的发展，我国在臭氧及其前体物监测、预报预警技术、排放清单编制与动态更新技术等方面取得了明显的进展，基本形成了 $NO_x$ 防控法规、政策和标准，出台了若干 VOCs 排放的国家和地方标准、法规和政策，臭氧污染防控正向着体系化的方向发展；同时，研发了大量 $NO_x$ 和 VOCs 污染治理技术，部分技术处于国际领先地位。我国在构建监测预报预警—减排法规标准—关键控制技术为一体的臭氧防治体系上取得了初步进展。

## 第一节 光化学污染监测和预报预警技术

经过几十年的发展，我国已经建成了覆盖全国大部分地级市的臭氧和 $NO_x$ 在线监测网络，并且在重点地区试点开展 VOCs 业务化监测，推动了 VOCs 监测能力的建设和技术进步，初步掌握了国内外主流的臭氧快速溯源和预报技术方法，在重点地区开展了业务化溯源和预报实践，臭氧污染监测和预报预警技术体系正在快速发展。

### 1. 监测技术和监测网络

出台了一系列臭氧及其前体物监测方法、标准和指南。目前，我国针对臭氧和 $NO_x$ 实现了实时在线监测。针对 VOCs 化学组分复杂且活性强的特点，正在形成离线和在线监测技术体系，发布了一系列覆盖 VOCs 组分的监测标准或指南，其中包括《环境空气醛、酮类化合物的测定高效液相色谱法》（HJ 683—2014）、《环境空气挥发性有机物的测定罐采样气相色谱-质谱法》（HJ 759—2015）、《环境空气总烃、甲烷和非甲烷总烃的测定直接进样-气相色谱法》（HJ 604—2017）、《环境空气臭氧前体有机物手工监测技术要求（试行）》（环办监测函〔2018〕240 号）

和《国家环境空气监测网环境空气挥发性有机物连续自动监测质量控制技术规定（试行）》等。

目前全国 337 个城市已初步建成了覆盖臭氧及 $NO_x$ 监测网络，具备了实时快速捕捉城区臭氧和 $NO_x$ 污染时空变化的能力。2000 年我国建成了覆盖全国的 $NO_x$ 监测网。2012 年发布的《环境空气质量标准》（GB 3095—2012）明确将臭氧作为基本污染物，并要求在全国范围内开展监测。2013 年 1 月 1 日起，全国第一批实施新标准的 74 个城市共 496 个监测点位实时向社会公开臭氧监测数据，2014 年扩大到 190 个城市 945 个点位，2015 年 1 月扩大到全国 337 个城市 1436 个点位。为全面提高监测数据质量，2016 年 10 月，环境保护部（现生态环境部）对国控站点实施监测事权上收，由国家统一运维并进行质量控制，开展统一臭氧量值溯源，臭氧监测数据质量明显提高。

启动了国家大气背景值监测网络的建设项目，开展环境空气污染物本底浓度监测，国家环境空气质量监测网络的覆盖范围扩展到自然保护区和自然生态系统。项目自 2008 年启动以来，国家先后建成了山西庞泉沟、内蒙古呼伦贝尔、吉林长白山、福建武夷山、山东长岛、湖北神农架、湖南衡山、广东南岭、海南五指山、四川海螺沟、云南丽江玉龙雪山、西藏纳木错、青海门源、新疆喀纳斯等 14 个国家大气背景站，监测指标包括常规基本指标（二氧化硫、氮氧化物、一氧化碳、臭氧、$PM_{10}$、$PM_{2.5}$），还包括有机物指标（VOCs、持久性有机物）。近年来我国在西沙群岛、南沙群岛建设背景站，开展臭氧等污染物的监测。这些背景站对研究大范围光化学污染及相关污染物的大气污染输送起到了积极的支撑作用（解淑艳 等，2013）。

重点区域开展 VOCs 组分业务化监测试点并逐步完善监测技术和质量控制系统，为臭氧源解析和成因分析提供基础数据。2018 年 4 月，我国重点区域 78 个城市在臭氧污染高发季节开展 VOCs 手工监测，涉及 117 项监测组分［《2018 年重点地区环境空气挥发性有机物监测方案》（环办监测函〔2017〕2024 号）］。2019 年监测范围扩大至全国 337 个城市，并增加了非甲烷总烃的采样分析。2019 年 10 月，在 2018 年 212 个臭氧未达标城市开展 VOCs 手工监测，其余 125 个城市正在陆续开展相关工作。全国初步建立的臭氧及其前体物自动监测网涉及的监测项目有 VOCs、NO、$NO_2$、CO、NMHC、$NO_y$、HONO、大气分子光解速率等。截至 2019 年

11 月，在京津冀、珠三角、武汉及周边和成渝地区，初步建成了 77 个光化学监测站点。

部分地区开展立体监测试验，积极探索臭氧及其前体物的立体监测。目前正在形成以卫星遥感和地基遥感连续观测为主，探空等多方法为辅的多手段融合的技术体系。1993 年我国研发出第一台探测平流层臭氧的紫外差分吸收激光雷达。近年来，臭氧激光雷达研究逐步转向对流层臭氧的探测。针对我国大气中高 $PM_{2.5}$ 浓度的卫星遥感反演算法已初步建立，并获得了臭氧、甲醛（HCHO）和 $NO_2$ 浓度及其垂直廓线分布特征。进一步利用 $HCHO/NO_2$ 比值确定臭氧生成的控制类型，基于多站点垂直廓线估算臭氧传输通量。

总体而言，尽管用于支撑我国臭氧污染防控的臭氧及其前体物监测体系已初步形成，全国 VOCs 监测技术的时间分辨率和物种识别率显著提高，但是随着色谱、质谱、光谱和传感技术的快速发展，仍然需要在以下方面继续加强：①进一步提高与完善现有臭氧及其前体物组分观测的质量控制与质量保障系统，形成具有自主知识产权的观测设备及标准体系；②进一步完善支撑臭氧污染成因分析和防控的关键因子（如一氧化氮、甲醛、紫外辐射、高活性高极性化合物等）组网建设，补齐短板；③进一步优化臭氧污染传输及演变特征的臭氧及其前体物组分观测网络的空间布局；④进一步强化卫星遥感和雷达等垂直监测数据与地面观测数据如何综合支撑臭氧污染成因分析和防控的数据挖掘和利用；⑤加强废气非甲烷在线与工业集中区 VOCs 监控网络建设。这些举措可为臭氧污染防控提供扎实的科技支撑。

## 2. 臭氧预报预警技术

以 $PM_{2.5}$ 和臭氧为关键指标的空气质量预报预警业务在我国是一项全新的工作任务，近年来发展迅速（柏仇勇 等，2017）。

研制了较为完备的大气复合污染预报预警技术与平台（图 4.1）。经过 30 余年的发展，我国的空气质量预报技术从 20 世纪 80 年代的 $SO_2$、$PM_{10}$ 城市预报发展到 $PM_{2.5}$、$PM_{10}$、$SO_2$、$NO_2$、CO 和臭氧等多项污染物的三维预报。预报技术包括统计模型和考虑大气动力、大气物理、大气化学以及陆面作用等理化过程的三维数值模式，在国家—区域—城市尺度下开展一次和二次污染物浓度的预报。针对我国大气污染特点，相继发展了嵌套网格的空气质量预报模式（NAQPMS）、中国气象局化学天气数值预报系统（CUACE）和南京大学空气质量预报系统（NJU-CAQPS）等三维模式，突破了区域大气复合污染建模原理和预报等若干关键技术。这些技术在全国环保、气象和高校等得到了广泛的应用（Li et al.，2007；Wang et al.，2015；房小怡 等，2004）。我国积极引进国外先进模式，发展了多模式集合预报方法，形成了多模式集合预报体系。同时积极发展多元同化反演技术，实时耦合地面观测、雷达和卫星遥感数据，提高大气复合污染预报能力，最终形成了以现有空气质量实时监测网络为基础、以大气化学实时观测资料同化系统和数值模式集合预报系统为核心、结合多种精细化预报预警技术方法的大气复合污染预报预警技术体系。国家空气质量预报技术达到世界先进水平，我国自主研发的技术在其中发挥了关键作用（柏仇勇 等，2017）。

形成了"国家—区域—省级—城市"四级空气质量预报网络，区域和省级基本具备 7～10 天的空气质量预报能力。以自主研发为主的大气复合污染预报预警技术为核心，构建了集预报、溯源和调控评估为一体的国家空气质量预报预警业务化平台，相继建立了国家环境预报预警中心，以及长三角、泛珠三角（华南）、东北、华中、西南和西北区域业务中心，以及 31 个省级业务中心和部分地区城市预报业务中心，实现了国家—区域—省—地市四级业务预报的无缝衔接，并在 2014 年北京 APEC 会议、2014 年南京青奥会、2016 年杭州 G20 峰会、2017 年厦门"金砖会议"、2018 年上合青岛峰会、2018 年上海进博会、2019 年武汉军运会等重大活动中得到了广泛应用（王晓彦 等，2019）。

在预报信息发布方面取得了显著进展，形成了预报结果的多渠道信息发布方式。各地在具体执行上虽有差别，但基本形成了电视、广播、报刊杂志、网站、手机媒体、微博、移动电视等形式的发布方式。各地根据自身预报能力和水平，以不同方式持续向公众和职能部门提供及时预报信息（王晓彦 等，2019）。

目前，我国的空气质量预报仍然是以 $PM_{2.5}$ 预报为核心，臭氧污染过程和峰值预报的准确性还亟待提高：①充分利用观测网络提供的浓度和组分数据，完善同化技术及组分清单动态处理技术，提高模型对污染过程和峰值或等级预报的准确性；②进一步提高预报结果的精细化、特别是臭氧污染过程的空间精细化，以期为精细化的臭氧污染防控提供支撑；③结合天气系统预报，进一步提升臭氧污染中长期预报的准确性；④积极探索人工智能自学习或大数据分析在臭氧预报中的应用，提高臭氧预报准确性。

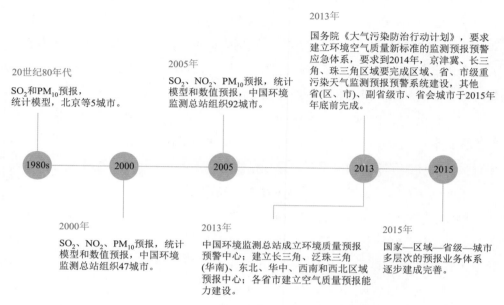

图 4.1　我国空气质量业务化大气污染预报进程

注：1980s 指 20 世纪 80 年代

### 3. 污染物源清单编制及动态更新技术

大气污染物源排放清单是研究大气污染成因和制定大气污染精准管控策略的重要基础资料。源排放清单编制与动态更新技术是制定和实施空气质量改善计划的核心支撑技术。我国已初步建立了多污染物、多尺度的排放清单，支撑了现阶段以 PM$_{2.5}$ 和臭氧污染为特征的大气复合污染防控工作（图 4.2），并在以下四方面体现了中国特色：

第一，排放清单表征技术发展迅速，已经形成了较为系统的、可行的方法框架体系。经过 20 余年的发展，国家以"十五"科技攻关计划、"十一五"国家高技术研究发展计划（863 计划）、大气重污染成因与治理攻关、国家重点研发计划等为依托，围绕大气排放源分类、源排放清单定量表征方法、多尺度时间与空间分配方法、化学成分谱建立与物种分配方法、不确定性分析和校验方法以及模型

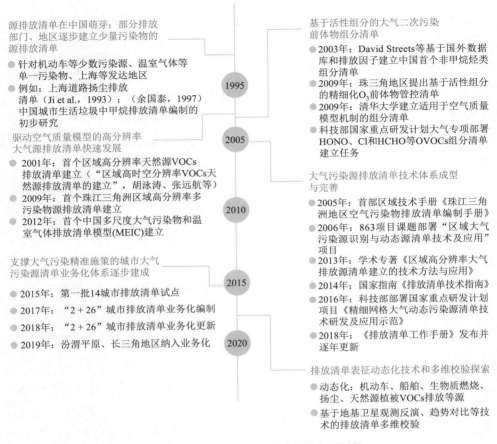

源排放清单在中国萌芽：部分排放部门、地区逐步建立少量污染物的源排放清单
- 针对机动车等少数污染源、温室气体等单一污染物、上海等发达地区
- 例如：上海道路扬尘排放清单（Ji et al.，1993）；（余国泰，1997）中国城市生活垃圾中甲烷排放清单编制的初步研究

驱动空气质量模型的高分辨率大气源排放清单快速发展
- 2001年：首个区域高分辨率天然源VOCs排放清单建立（"区域高时空分辨率VOCs天然源排放清单的建立"，胡泳涛、张远航等）
- 2009年：首个珠江三角洲区域高分辨率多污染物源排放清单建立
- 2012年：首个中国多尺度大气污染物和温室气体排放清单模型(MEIC)建立

支撑大气污染精准施策的城市大气污染源清单业务化体系逐步建成
- 2015年：第一批14城市排放清单试点
- 2017年："2+26"城市排放清单业务化编制
- 2018年："2+26"城市排放清单业务化更新
- 2019年：汾渭平原、长三角地区纳入业务化

1995
2005
2010
2015
2020

基于活性组分的大气二次污染前体物组分清单
- 2003年：David Streets等基于国外数据库和排放因子建立中国首个非甲烷烃类组分清单
- 2009年：珠三角地区提出基于活性组分的精细化O₃前体物管控清单
- 2009年：清华大学建立适用于空气质量模型机制的组分清单
- 科技部国家重点研发计划大气专项部署HONO、Cl和HCHO等OVOCs组分清单建立任务

大气污染源排放清单技术体系成型与完善
- 2005年：首部区域技术手册《珠江三角洲地区空气污染物排放清单编制手册》
- 2006年：863项目课题部署"区域大气污染源识别与动态源清单技术及应用"项目
- 2013年：学术专著《区域高分辨率大气排放清单建立的技术方法与应用》
- 2014年：国家指南《排放清单技术指南》
- 2016年：科技部部署国家重点研发计划项目《精细网格大气动态污染源清单技术研发及应用示范》
- 2018年：《排放清单工作手册》发布并逐年更新

排放清单表征动态化技术和多维校验探索
- 动态化：机动车、船舶、生物质燃烧、扬尘、天然源植被VOCs排放等源
- 基于地基卫星观测反演、趋势对比等技术的排放清单多维校验

图4.2  中国大气污染源排放清单发展历程

清单快速处理技术部署了较为系统的研究工作，初步形成了城市和区域高分辨率大气污染物排放源清单建立的方法体系（贺克斌，2015；郑君瑜 等，2014）。近年来，大数据和卫星观测开始在清单编制和校验上得到广泛应用，我国大气污染源清单的时空分辨率、时效性和可靠性得到了显著提升（王书肖 等，2017）。

第二，大气污染源排放清单编制指南和基础数据日臻完善，臭氧前体物排放清单编制工作逐渐规范。2013年，环境保护部按照"规范统一、科学实用、轻重缓急、循序渐进"的原则，提出了构建中国大气污染源排放清单编制技术指南体系的基本思路。2014~2016年，环境保护部先后发布了九项"大气污染物源排放清单编制技术指南"，涉及 $PM_{10}$、$PM_{2.5}$、VOCs、氨（$NH_3$）、道路机动车、非道路移动源、生物质燃烧源、扬尘颗粒物和民用煤燃烧；2017 年，编制了《城市大气污染物排放清单编制技术手册》和《"2 + 26"城市大气污染防治跟踪研究工作手册》，构建了排放清单编制流程（贺克斌，2015；薛志钢 等，2019）。我国在电厂、工业燃烧、生物质燃烧、交通源、有机溶剂使用和天然源等排放方面开展了大量本土化研究，初步形成了我国本土的排放因子数据集，正在逐渐摆脱对发达国家排放因子数据库（如美国的 AP-42 和欧洲的 EEA）的依赖。

第三，建立了"国家—区域—城市"多尺度前体物源排放清单和动态更新机制，基本满足不同区域和尺度二次污染防控的需求。近 10 年来，多尺度源排放清单构建研究得到了快速发展，动态更新频率逐渐提高。清华大学自 2012 年起开始发布中国多尺度排放清单，涵盖了 10 种主要大气污染物和温室气体以及 700 多种人为排放源（Liu et al.，2018）。珠三角、长三角和京津冀等城市群地区以及我国大部分省份也建立了涵盖多种污染物的区域高分辨率源排放清单，部分区域排放清单保持常年动态更新。京津冀大气污染传输通道上的"2 + 26"城市开始编制城市排放清单，支撑城市大气精细化管控服务，并初步建立起了以年为单位的常态化更新机制。

第四，具备了编制臭氧前体物 VOCs 组分清单的数据基础，可为基于活性前体物组分精细化管控的高效臭氧管控策略提供科学依据。经过不懈努力，我国逐步构建了涵盖工业源、交通运输源、溶剂使用源、生物质燃烧源和餐饮等主要 VOCs 排放行业较为完整的 VOCs 本地源成分谱；开展 OVOCs 组分的排放源测试工作，开始补充源排放清单的短板；建立了多份不同尺度 VOCs 组分排放清单；研究成果已经广泛应用于国内城市和区域臭氧污染防控中关键污染源的识别、空气质量模拟和管控方案的制定等各个方面。以成都市为例，典型行业的 VOCs 标志性物种由表 4.1 所示。

总体上，用于支撑我国多尺度臭氧污染防控的臭氧前体物源排放清单编制技术体系已经基本形成，基础数据已经基本具备，但仍然存在一些技术问题，需要继续大力提升。具体包括：①目前的排放因子数据集还存在较大的不确定性，缺乏官方和权威的源排放测试规范与方法流程，导致排放因子数据的可靠性仍然较差；②臭氧关键前体物 VOCs 组分清单物种的覆盖面尚不完善，一些源排放清单还缺少 OVOCs 等关键前体物组分；③源排放清单的质量保证/质量控制、质量评估和校验体系尚未形成，清单编制成果的质量参差不齐；④源排放清单的编制还停留在基准年清单建立的层面，排放清单的动态更新频率和内容尚不规范。直接支撑臭氧污染防治与精细化管控的管控清单（或减排潜力清单）、情景清单、预测清单建立的方法与流程还未形成与规范化，等等。

表 4.1　成都市典型行业的 VOCs 标志性物种

| 序号 | 典型行业 | VOCs 标志性组分 |
| --- | --- | --- |
| 1 | 石油炼制 | 苯、甲苯、二甲苯、乙烯、丙烯、丁烯、丁二烯等 |
| 2 | 汽车制造 | 苯、甲苯、乙苯、对二甲苯、邻二甲苯、三甲苯、苯乙烯、异丙苯等 |
| 3 | 家具制造 | 苯、甲苯、二甲苯、乙酸丁酯、甲醛、醇类及酮类等 |
| 4 | 人造板制造 | 正丁醇、环己酮、甲醛、三甲苯等 |
| 5 | 包装印刷 | 乙酸乙酯、乙二醇乙醚、正十一烷等 |
| 6 | 制鞋 | 苯、甲苯、乙酸乙酯、环己酮、环己烷等 |
| 7 | 橡胶制造 | 甲苯、二甲苯等 |
| 8 | 餐饮 | 甲苯、二甲苯、乙苯、丙酮、丙烯等 |
| 9 | 干洗 | 四氯乙烯、碳氢溶剂（石油烃） |
| 10 | 电子制造 | 甲苯、二甲苯、三甲苯、乙酸丁酯、甲基异丁酮、异丙醇和环己烷等 |
| 11 | 汽油车尾气 | 乙烯、异戊烷、甲苯和二甲苯等芳香烃 |
| | 柴油车尾气 | 丙烯、丙烷、壬烷、癸烷、十一烷、醛、酮等 |
| | 摩托车尾气 | 乙炔、2-甲基己烷、二甲苯、乙烯等 |
| | 液化石油气车尾气 | 丙烷、异丁烯、正丁烷等 C4 以下的烷烃、烯烃 |

### 4. 臭氧来源解析技术

臭氧来源解析技术是通过观测和数值模型的方法定性或定量识别城市和区域臭氧污染成因与来源的技术，该技术在臭氧污染防治工作中发挥了重要的作用。我国长期致力于源解析技术的发展和应用，目前重点地区已经初步具备了判断日常和重污染时段前体物排放及气象因素、大气化学反应、物理化学过程对臭氧污染影响的能力，应用源解析技术识别本地生成与外地传输对臭氧污染形成的影响，判断臭氧污染形成的 $NO_x$ 与 VOCs 敏感性，揭示影响臭氧形成的关键 VOCs 组分，

定量解析各 $NO_x$ 与 VOCs 排放源类的贡献与分担率，进而探明重点控制区域和污染源。

目前臭氧源解析技术主要包括观测法和三维模型法。观测法可以确定臭氧与前体物之间的敏感性，识别对臭氧污染贡献显著的优势 VOCs 组分和 VOCs 主要排放源，定量解析各 VOCs 排放源类对 OFP 的贡献值与分担率 [《环境空气臭氧污染来源解析技术指南（试行）（征求意见稿）》，2018]。臭氧生成敏感性分析方法包括相对增量反应性法、经验动力学模拟法和光化学指示剂比值法等。VOCs 来源分析包括生成臭氧的关键 VOCs 前体物识别法和基于受体模型的 VOCs 来源解析技术。生成臭氧的关键 VOCs 前体物识别方法通过 OFP 来表征不同 VOCs 组分生成臭氧的潜能，OFP 较大的 VOCs 物种为关键 VOCs 前体物。基于受体模型的 VOCs 来源解析技术是基于受体点 VOCs 组分观测数据和各排放源的 VOCs 源成分谱信息来定量解析排放源的行业贡献，其不依赖详细的排放源强信息和气象资料。受体模型主要包括化学质量平衡模型（CMB）和因子分析模型（PMF、PCA/MLR、Unmix、ME-2 等）。目前国内外应用较广泛的是正交矩阵因子分析（PMF）模型和 CMB 模型，我国京津冀、长三角和珠三角等区域大多应用这类模型来识别 VOCs 的 OFP 和主要来源，为 VOCs 的控制提供了重要参考。

三维模型法可以定量识别区域输送和本地排放各类污染源对臭氧污染的贡献，评估不同行业的影响，确定臭氧形成对前体物的敏感性，还可以运用"开关法"，即通过输入人为前体物 $NO_x$ 或 VOCs 削排清单，模拟得到不同前体物排放量下臭氧浓度的变化，并与基础排放情形下的臭氧模拟浓度进行对比，从而评估不同削减方案对臭氧污染控制的效果。近年来，我国自主研发的 NAQPMS-OSAM 实时臭氧源解析法趋于成熟，并广泛应用于全国和各省市预报预警平台，同时我国开发了 RTSA（Reactive Tracer based Source Apportionment）方法，并考虑了 $NO_x$ 控制、VOCs 控制和过渡区的 3 个区域。这些方法与国外开发的 CAMx-OSAT 模型，基于 CMAQ 模型的 ISAM、HDDM 和 RSTA 等方法共同组成了我国臭氧来源解析的技术方法体系（Li et al.，2008；Wang et al.，2019；生态环境部，环办科技函〔2018〕594 号，2018）。

表 4.2 总结了应用三维模型法识别的我国典型城市夏季臭氧贡献的重点行业。

表 4.2 我国典型城市夏季臭氧贡献的重点行业

| 城市 | 研究时段 | 方法 | 重点行业贡献 | 重点行业（前三） | 参考文献 |
|---|---|---|---|---|---|
| 北京 | 2000 年夏 | CAMx-OSAT | 移动源（32%）、工业源（20%）、挥发损耗（13%）、天然源（12%） | 移动源、工业源、溶剂使用 | Wang et al., 2009 |
| 北京 | 2013 年夏 | CMAQ-RSTA | 工业源（38%）、移动源（22%）、天然源（20%）、电厂（15%） | 工业源、移动源、天然源 | Wang et al., 2019 |
| 上海 | 2015 年夏 | CAMx-OSAT | 移动源（43%）、电厂及工业等固定燃烧源（21%）、工业过程源（18%）、天然源（14%） | 移动源、工业源、电厂/天然源 | Li et al., 2019 |
| 上海 | 2013 年夏 | CMAQ-RSTA | 工业源（67%）、天然源（12%）、移动源（8%） | 工业源、天然源、移动源 | Wang et al., 2019 |
| 南京 | 2015 年夏 | CAMx-OSAT | 移动源（36%）、工业过程源（24%）、电厂及工业等固定燃烧源（21%）、天然源（15%） | 移动源、工业源、天然源 | Li et al., 2019 |
| 广州 | 2015 年夏 | NAQPMS-OSAM | 移动源（39%）、工业源（22%）、天然源（6%）、居民源（10%） | 移动源、工业源、天然源 | Yang et al., 2019 |
| 广州 | 2013 年夏 | CMAQ-RSTA | 工业源（51%）、移动源（18%）、天然源（13%）、电厂（11%） | 工业源、移动源、天然源 | Wang et al., 2019 |
| 成都 | 2013 年夏 | CMAQ-RSTA | 工业源（40%）、移动源（28%）、天然源（21%） | 工业源、移动源、天然源 | Wang et al., 2019 |

总体而言，观测法和三维模型法各有优劣。观测法依赖于对臭氧前体物的准确测量，需要先进的观测设备，但却不能确认 $NO_x$ 在其中的贡献。数值模式解析则依赖于源清单及内部物理化学过程参数化方案的准确性。其中，基于数值模型的"开关法"比较直观、简便易用，而基于溯源的源解析方法要求条件较高，因此限制了其在业务部门的应用。

## 第二节 我国臭氧前体物控制的政策与标准规范

"九五"以来，我国先后出台了一系列 $NO_x$ 排放标准，形成了涵盖电厂、非电工业、中小锅炉、机动车和无组织排放的标准体系，制定了实现这些标准的相关配套政策。VOCs 排放控制始于"十一五"末，近年来发展十分迅速，正在向建立国家法律、行政法规和部门规章的政策体系迈进。

1. NO$_x$ 减排的政策、标准和规范

制定了更加严格的工业 NO$_x$ 控制标准体系。从"九五"开始，NO$_x$ 排放控制主要涉及火电、锅炉、生活垃圾焚烧和机动车等污染源，图 4.3 显示出我国燃煤电厂 NO$_x$ 排放标准进程。2015 年起，进一步针对燃煤电厂和钢铁行业制定了超低排放标准（环境保护部，环发〔2015〕164 号，2015；生态环境部，环大气〔2019〕35 号，2019），新建燃煤电厂 NO$_x$ 排放仅为《火电厂大气污染物排放标准》（GB 13223—2011）标准限值的一半（50mg/m$^3$），钢铁烧结机机头、球团焙烧和其他工艺过程的排放限值仅为《钢铁烧结、球团工业大气污染物排放标准》（GB 28662—2012）标准限值的 30%～50%。图 4.4 显示出我国钢铁行业 NO$_x$ 排放标准进程。对已有行业排放标准的工业炉窑、暂未制订行业排放标准的工业炉窑，以及重点区域内平板玻璃、建筑陶瓷企业提出了明确的排放限值。对工艺落后的窑炉要求依法责令停业关闭，重点行业开始产能置换。

制定了中小锅炉的 NO$_x$ 减排方案。《打赢蓝天保卫战三年行动计划》（国务院，国发〔2018〕22 号，2018）提出加大燃煤小锅炉淘汰力度，确定了控制原则，包括准入门槛、全节能和超低排放改造、低氮改造、生物质锅炉超低排放改造要求等，并对未满足目标锅炉制定了淘汰方案。各地方政府也制定了相关地方标准和减排行动方案。

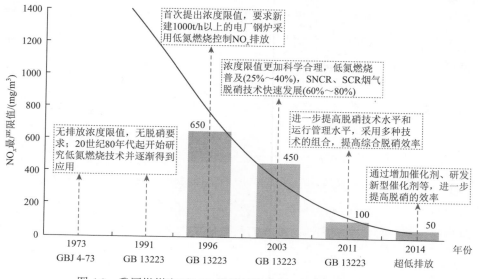

图 4.3　我国燃煤电厂 NO$_x$ 排放标准进程（郦建国 等，2018）

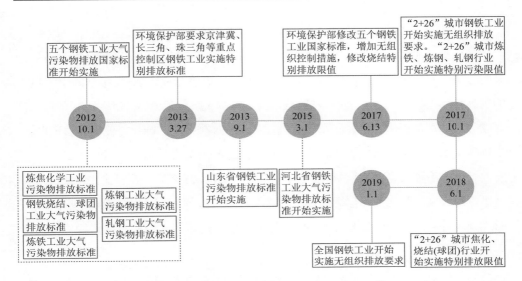

图 4.4　我国钢铁行业 $NO_x$ 排放标准进程（中信建设证券，2017）

### 2. VOCs 减排政策、标准和规范

我国对 VOCs 的管控起步晚于 $NO_x$，但进展很快，近年来相继颁布了相关法律法规、行政和部门规章制度，制定了若干行业的排放标准。但目前条线法规较多，尚未形成全面的政策体系，未来还需要建立健全管控行业，完善行业排放标准，制定具体管理机制的规范要求、配套技术政策和环境经济政策，从而为 VOCs 污染的防治工作提供有力的法律支撑和政策保障。

**制定了一系列 VOCs 治理的法律法规。**2010 年 5 月环境保护部等部委联合发布了《关于推进大气污染联防联控工作改善区域空气质量的指导意见》，首次在国家层面正式提出了开展 VOCs 防治工作，并将一些 VOCs 排放重点行业列为防控重点。2011 年 12 月，国务院发布了《国家环境保护"十二五"规划》（国发〔2011〕42 号），提出实施多种大气污染物综合控制，加强 VOCs 和有毒废气控制。2015 年 8 月新修订的《中华人民共和国大气污染防治法》首次从国家法律层面将 VOCs 同 $NO_x$ 等传统污染物一样列为重点控制对象，确定了违法责任。环境保护部发布的《挥发性有机物（VOCs）污染防治技术政策》（环大气〔2013〕31 号，2013）以及《"十三五"挥发性有机物污染防治工作方案》（环大气〔2017〕121 号，2017）等系列性政策文件，对 VOCs 污染防治策略和技术方面提出了指导性意见，明确了 VOCs 重点治理行业，确定 VOCs 污染防治管理体系以空气质量为核心。此后，多部委联合发文细化了 VOCs 产品的生产、储存运输、销售、使用、消费等各环节的污染防治策略和方法，进一步明确了 2020 年 VOCs 排放总量比 2015 年下降 10%以上的削减目标 [《"十三五" 节能减排综合工作方案》（国发〔2016〕74 号）]，确定了治理任务，特别是石化和包装印刷等重点行业 VOCs 排污费的征收、使用和管理办法。市场政策工具有望扮演更灵活和重要的角色。2020 年，生态环境部印发《2020 年挥发性有机物治理攻坚方案》，提出通过源头替代、落实标准、强化无组织排放管控、升级治污设施、强化油品储运销监管等措施，降低 VOCs 排放量（环大气〔2020〕33 号）。图 4.5 显示出工业 VOCs 控制相关法规、规章和政策的发展进程。

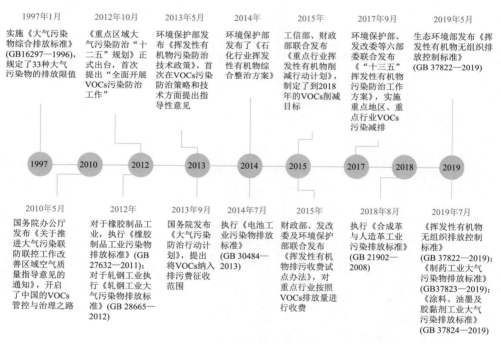

图 4.5　工业 VOCs 控制相关法规、规章和政策

　　制定了若干行业 VOCs 的排放标准。20 世纪 90 年代和 21 世纪初，工业 VOCs 排放主要依据《大气污染物综合排放标准》（GB 16297—1996），该标准仅仅限定了非甲烷总烃的排放限值，缺乏行业、流程和活性物种的要求。2012 年起，我国逐步丰富了 VOCs 的标准体系，对不同行业（包括轧钢工业、石油炼制、石化、

制药等 10 多个行业）、不同工艺过程、不同 VOCs 物种（NMHC、TVOCs、苯系物、苯、异氰酸酯类、1, 2-二氯乙烷、甲醛等）制定了排放标准，特别是 2019 年发布的《挥发性有机物无组织排放控制标准》（GB 37822—2019），首次规定了无组织排放的排放标准限值。国家标准与地方标准相结合、综合标准与行业标准相结合、一般限值和特别限值相结合，已成为我国 VOCs 排放标准构成的基本特点。

目前我国关于 VOCs 污染源行业排放标准体系尚不完备，VOCs 控制标准主要是针对 VOCs 排放总量的控制，尚缺乏有效指导 VOCs 活性物种排放清单及源谱构建工作的相关指导性文件；固定源 VOCs 监测标准及环境空气 VOCs 监测标准体系不完备；缺乏环境空气 VOCs 来源解析指导性文件。为有效开展大气 VOCs 污染精准管控，应构建系统完备的 VOCs 污染源重点行业排放标准体系。控制指标除 VOCs 排放总量外，还应包含重要的 VOCs 活性物种。发布 VOCs 活性物种排放清单及源谱构建指导技术指南，以促进国家 VOCs 大气污染源排放清单在覆盖面、物种、精确度等方面取得突破；制定/更新 VOCs 监测系列技术规范，发布环境空气 VOCs 来源解析技术指南等。

## 第三节　臭氧前体物控制技术

我国已经初步建立了 $NO_x$ 的减排技术体系，其中包括工业、中小锅炉、机动车等行业，保障了 $NO_x$ 控制目标的顺利实现，特别是我国火电行业的超低排放改造目标提前完成。VOCs 治理晚于 $NO_x$，目前正在建立"源头控制—过程控制—末端治理"的综合控制技术体系，总体而言当前 VOCs 治理的整体水平还不高。

本节主要阐述非移动源 $NO_x$ 和 VOCs 减排技术进展，移动源 $NO_x$ 和 VOCs 减排技术进展将在本章第四节专门进行讨论。

### 1. $NO_x$ 减排技术

发展了工业锅炉、电厂、化工、焦化和冶炼等行业各种工业窑的 $NO_x$ 减排技术，构建了涵盖低氮燃烧（LNBs）、选择性非催化还原（SNCR），选择性催化还原（SCR）和化学吸收的技术体系。低氮燃烧技术和选择性非催化还原技术成本低，且简单易行，在我国燃煤电厂得到了广泛应用，但其控氮效率低。选择性催化还原技术是目前在工业上应用最为广泛的一种脱硝技术，其技术成熟可靠，脱硝效率可达 80%以上，可满足超低排放的要求，但其技术成本较 LNBs 和 SNCR 偏高。化学吸收技术则另辟蹊径，通过吸收剂与污染物物反应，达到降低污染物排放的目的，其脱硝效率可以达到 40%～60%，并能实现多污染物同时控制的目的，但其会产生吸收尾液，提高了运行成本。

当前我国燃煤电厂脱硝已经进入深度治理阶段，非电行业成为大气治理的重点。截至 2019 年年底，采用低氮燃烧＋SCR 技术的煤电机组超低排放改造完成率已达 80%，其 $NO_x$ 排放量较 2011 年下降了 90%以上（郦建国 等，2018；中国环境保护产业协会脱硫脱硝委员会，2019）。钢铁行业超低排放目前正在全面展开，但当前很多企业还难以达标，亟需治理改造。市场上的主要烟气脱硝技术方案有活性炭法、SCR 法和氧化法等，SCR 烟气脱硝技术正在逐步成为钢铁行业脱硝市场主流。其他行业工业炉窑（如水泥等）或将成为下一个治理重点，这些行业多采用 SNCR 技术，存在脱硝效率不高以及氨逃逸隐患等问题。因此，发展满足不同污染源排放特征的技术方案迫在眉睫。表 4.3 列出了工业锅炉 $NO_x$ 排放控制技术的适用性。

表 4.3　工业锅炉 $NO_x$ 排放控制技术的适用性［工业锅炉 $NO_x$ 控制技术指南（试行），2015］

| 技术类型 | 脱硝效率 | 投资成本 | 运行成本 | 适用性 |
|---|---|---|---|---|
| 低氮燃烧 | 10%～40% | 低 | 无 | 煤粉炉宜选用，其他类型的锅炉应根据具体情况决定 |
| SNCR | 30%～50% | 低 | 低 | 适用于现有空间小、拥挤的锅炉烟气脱硝 |
| SCR | ＞80% | 高 | 高 | 适用于对脱硝效率要求高的锅炉烟气脱硝 |
| 化学吸收 | 40%～60% | 视尾液处理方式而定 | 视尾液处理方式而定 | 多污染物同时控制 |
| 低氮燃烧＋SNCR | 35%～65% | 中 | 低 | 脱硝效率要求较高、多污染物同时控制 |
| 低氮燃烧＋SCR | ＞85% | 高 | 高 | 脱硝效率要求较高时，宜考虑适用 |
| SNCR＋SCR | ＞85% | 高 | 高 | 脱硝效率要求较高时，宜考虑适用 |
| 低氮燃烧＋化学吸收 | ＞55% | 视尾液处理方式而定 | 视尾液处理方式而定 | 脱硝效率要求较高、多污染同时控制 |
| SNCR＋化学吸收 | ＞65% | 视尾液处理方式而定 | 视尾液处理方式而定 | 脱硝效率要求较高、多污染同时控制 |
| 低氮燃烧＋SNCR＋化学吸收 | ＞65% | 视尾液处理方式而定 | 视尾液处理方式而定 | 脱硝效率要求较高、多污染同时控制 |

2. VOCs减排技术

VOCs排放控制技术起步较晚，但近年来得到了长足发展，正在逐步建立和完善"源头控制—过程控制—末端治理"的VOCs污染全过程控制技术体系。在源头控制方面，积极推进用水性涂料替代溶剂型涂料、用水性油墨替代溶剂型油墨，并不断推广使用低挥发性、低毒性、低反应活性、高嗅阈值的物质。在过程控制方面，首先解决无组织排放的问题，实现VOCs收集方式密闭化作业，如安装外部式吸风罩，扩大实施VOCs局部收集效率认定方案。《挥发性有机物无组织排放控制标准》（GB 37822—2019）针对五类典型源（物料储存、物料转移和输送、工艺过程、设备与管线组件泄漏、敞开液面控制）提出了实施分类管控、强调全过程控制的思路，采取先进工艺技术和装备，降低污染物的产生量。在末端控制技术方面，《重点行业挥发性有机物综合治理方案》（环大气〔2019〕53号）中提出"推进建设适宜高效的治污设施"，对VOCs治理设施的选择给出了较为明确的方向。进一步发展了回收和销毁技术：回收技术包括吸附技术、吸收技术、冷凝技术及膜分离技术等，通过物理的方法富集分离有机污染物；销毁技术包括高温焚烧、催化燃烧、生物氧化、低温等离子体破坏和光催化氧化技术，通过化学或生化反应，用热、光、催化剂或微生物等将有机化合物转变为二氧化碳和水等无毒害无机小分子化合物。具体技术内容参见表4.4。

表 4.4　主要 VOCs 末端控制技术（Chang et al.，2020；Zhu et al.，2020）

| 技术类型 | | 去除效率 | 投资成本 | 运行成本 | 适用性 |
|---|---|---|---|---|---|
| 回收技术 | 吸附技术 | 80%～97% | 低 | 中 | 应用最为广泛的传统VOCs治理技术，适合于大风量、低浓度或浓度不稳定的废气治理，通常适用的浓度范围低于1500mg/m³，吸附具有选择性；但存在吸附升温、再生烦琐、受操作条件影响大以及占地面积大等缺点 |
| | 吸收技术 | 90%～98% | 中 | 中 | 吸收技术由于存在二次污染和安全性差等缺点，目前在有机废气治理中已经较少使用 |
| | 冷凝技术 | 70%～85% | 高 | 高 | 适用于高浓度有机溶剂蒸气的净化，需与其他处理技术联用；应该根据VOCs浓度、组分的不同及工程应用中的匹配问题，选择合适的制冷剂 |
| | 膜分离技术 | 90%～95% | 高 | 高 | 适用于处理高浓度的有机废气，对天然或人工合成的膜材料工艺要求很高，单独应用膜分离技术通常无法将各组分完全分离，需与其他处理技术联用 |

续表

| 技术类型 | | 去除效率 | 投资成本 | 运行成本 | 适用性 |
|---|---|---|---|---|---|
| 销毁技术 | 催化燃烧技术 | 90%～98% | 中 | 高 | 应用最为广泛的传统 VOCs 治理技术，适用于小气量、高浓度或者高温排放的有机污染物的治理 |
| | 高温焚烧技术 | >90% | 高 | 高 | 处理量大，适用于成分复杂，组分有害或者组分没有有效方法进行分离的 VOCs 处理；当气体浓度较低时需要加入助燃剂来保证净化效果。适用于汽车、家电等的较低浓度烤漆废气处理和含有能够引起催化剂中毒的化合物的处理，如含硫、卤素有机废气 |
| | 生物氧化技术 | 60%～95% | 低 | 低 | 生物氧化技术较早被应用于有机废气的净化，目前技术上比较成熟，适用于大流量低浓度的 VOCs 的处理 |
| | 低温等离子体破坏技术 | 60%～100% | 高 | 高 | 低浓度 VOCs 治理的前沿技术。对于处理风量在 2000～5000m³/h 的低浓度的 VOCs 废气（<300mg/m³）具有较好的净化效果，此外对常规方法难以净化的 VOCs 具有较好的效果。但实际运行存在能量利用率低、产生 $NO_x$ 等二次污染问题 |
| | 光催化氧化技术 | 在工业 VOCs 的净化中尚未大规模应用 | — | — | 可将有机物高效氧化为二氧化碳和水等无毒无害物质。光催化剂的活性与稳定性严重影响净化效果。光催化氧化法具有反应条件温和、对污染物没有选择性、绿色低能耗、无二次污染等优点，适用于处理低排量、低浓度的 VOCs，并且除臭效果较好。然而，催化剂失活、催化剂难负载问题仍未得到解决；此外，难以处理高浓度、高流量的污染物 |

与 $NO_x$ 相比，VOCs 污染控制的整体技术水平不高，在控制技术选择、设施运行监管等方面存在一些明显的短板，包括：

源头控制力度不足。目前低 VOCs 含量原辅材料源头替代措施明显不足。据统计，我国工业涂料中水性、粉末等低 VOCs 含量涂料的使用比例不足 20%，低于欧美等发达国家 40%～60% 的水平；同时，针对不同行业特点，须兼顾"油改水"效能和环境效益评价，不能一味追求水性化。

无组织排放问题突出。目前诸多企业尚未采取有效的管控措施，中小企业环境管理水平较弱，特别是 VOCs 收集效率较低，逸散问题突出。调查表明，我国工业 VOCs 排放中无组织排放占比达 60% 以上，甚至更高。面对这一现象，迫切需要增强设施的密闭化程度，提高尾气的捕集效率。国家和地方规定的工业涂装和印刷等环节的捕集效率已有细致的规定，如汽车整车制造和卷材制造不低于 90%，其他汽车制造、木质家具制造、船舶制造、工程机械制造等不低于 80%。长三角已提出了收集效率和治理效率双 90% 或者双 75% 的要求。

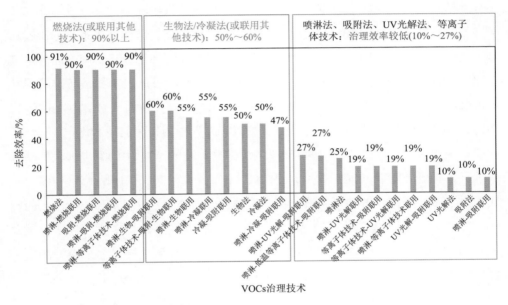

治污设施鱼龙混杂。检测结果表明，珠三角不同 VOCs 治理技术去除效率为 10%～90%。喷淋法、吸附法、UV 光解法等方法清除效率最高仅为 27%，在一些地区，低温等离子体、光催化、光氧化等低效技术应用高达 80%。生物法/冷凝法去除效率只有 50%～60%，虽然燃烧法去除效率高，但是目前应用范围较小（图 4.6）。

图 4.6　基于实测的珠三角不同 VOCs 治理技术去除效率

注：数据由广东环境保护工程职业学院提供

运行管理不规范。VOCs 治理需要全面加强过程管控，实施精细化管理，但目前企业普遍存在管理制度不健全、操作规程未建立、人员技术能力不足等现象，即使选择了高效治理技术，也未达到预期治污效果。

监测监控不到位。目前，我国污染源 VOCs 监测尚处于总体布局的阶段，企业自行监测质量普遍不高，点位设置不合理、采样方法不规范、监测时段代表性不强等问题突出。部分重点企业未按要求配备自动监控设施，涉 VOCs 排放工业园区和产业集群缺乏有效的监测溯源与预警措施。从监管方面来看，缺乏现场快速检测等有效手段，走航监测、网格化监测等应用不足。

## 第四节　移动源减排政策、标准及技术

### 1. 道路移动源

　　建立了具有中国特色的机动车排放标准体系。自 2000 年开始，我国陆续出台了 6 个阶段的柴油车排放标准，目前我国颁布实施的汽柴油车污染排放标准与欧美等相关标准处于同一水平，实现了从跟跑到并跑的转变。标准体系充分借鉴欧洲、美国和日本的排放法规体系，并考虑了我国移动源环境管理制度方面的诸多变化，特别是 2018 年 6 月发布的中国第Ⅵ阶段重型柴油车 $NO_x$ 排放标准较国 V标准加严了 80%，汽油车 HC 排放限值加严约 50%，并且增加了 OBD（On-Board Diagnostic System，车载排放诊断系统）监管等体现中国特色的技术规定，有利于明确车企的责任（图 4.7 显示出机动车排放标准实施历程）。中国香港地区机动车治理已经有效降低了 VOCs 和 $NO_x$ 的排放（Lyu et al.，2016；Lyu et al.，2017）。2000 年左右，香港便开始采用液化石油气替代柴油，作为出租车和小型巴士的燃料；2007 年开始，香港更采取了一系列措施控制臭氧前体物排放，包括溶剂源VOCs 的排放控制（2007～2011 年）、液化石油气车辆催化转化器汰换（2013～2014 年）以及柴油商用车的汰换及排放标准升级（2007～2019 年）。

图 4.7　机动车排放标准实施历程

　　发展了完整的涵盖源头治理、机内净化到后处理的机动车 $NO_x$ 控制技术。源头治理是指清洁燃料的使用，即通过大幅度削减柴油与机油中硫的含量，以减少颗粒物的排放，为各种 $NO_x$ 净化技术的使用营造低硫乃至无硫的气氛，从而提高

催化剂的活性、延长其使用寿命。机内净化则是从有害排放物的生成机理出发，在燃烧室内部对有害排放物的生成反应予以最大程度的限制，从根本上达到减少排气污染的目的。以电控技术驱动的高压燃油喷射技术、进气涡轮增压技术、均质混合压燃技术、废气再循环（EGR）技术等为代表的机内净化措施的广泛使用，大幅度降低了柴油机尾气中污染物的排放。柴油机尾气后处理研究围绕着 $NO_x$ 和颗粒物的消除而展开，均已出现诸多的净化措施。柴油机尾气净化技术主要包括 $NO_x$ 催化净化、柴油机氧化型催化转化器（DOC）和柴油机颗粒物过滤器（DPF）。针对柴油机尾气 $NO_x$ 的催化净化，目前主要的研究方向有催化直接分解 $NO_x$、储存-还原（NSR）$NO_x$、选择性催化还原（SCR）$NO_x$ 以及被动 $NO_x$ 吸附技术（PNA）。受到各种条件限制，催化直接分解 $NO_x$ 以及 $NO_x$ 储存-还原技术目前尚未实际应用于柴油机等稀燃尾气的处理。由于 $NO_x$ 转化率高、燃油经济性好、发动机控制简单等因素，$NH_3$-SCR 是目前应用最为广泛的稀燃尾气 $NO_x$ 消除技术。自国Ⅳ排放标准实施以来，该技术已成功应用于柴油车尾气 $NO_x$ 净化，并已成为满足柴油车欧Ⅳ、国Ⅵ、EPA2010 排放法规必选的后处理技术。HC-SCR 技术也具有很好的应用前景。被动 $NO_x$ 吸附技术（PNA）又称低温 $NO_x$ 吸附技术（Low Temperature $NO_x$ Adsorbers，LTNA），可弥补 $NH_3$-SCR 低温净化能力不足的缺陷，与其相互补充，净化柴油车尾气。在国Ⅲ阶段，仅靠机内净化即可使柴油车排放满足标准，但随着排放法规的逐步收紧，需将燃油改进、机内净化与后处理技术有机整合在一起，才能满足国Ⅳ、国Ⅴ阶段对 $NO_x$ 和颗粒物排放的严格要求。

提出了基于"车、油、路"统筹的机动车 VOCs 排放控制技术策略。具体包括：①加强机动车燃油蒸发排放控制，加快推进车载加油油气回收（ORVR）技术应用，鼓励采用主动式燃油蒸发泄漏诊断装置，推进加油站、储油库、油罐车等油气回收治理，保证油气回收设备稳定运行；②提升车用燃料质量，加强车用燃料有害物质控制，积极开展天然气（NG）、液化石油气（LPG）、乙醇、生物柴油等替代燃料汽车的研发和应用，鼓励资源丰富的地区发展替代燃料汽车；③鼓励研发和应用天然气当量燃烧与三效催化（TWC）技术，严格控制天然气汽车、乙醇汽油汽车的 VOCs 和 $NO_x$ 排放。替代燃料汽车应达到国家同期机动车排放标准要求，加强替代燃料汽车非常规污染物排放控制。新生产柴油车应安装符合产品技术标准要求的排气后处理装置，如柴油机颗粒物过滤器（DPF）、选择性催化还原（SCR）装置等，鼓励使用固体氨选择性催化还原装置（SSCR）。图 4.8 显示了重型柴油车排放标准法规实施年限及相应控制技术。

从污染排放控制技术上看，我国自主研发的满足国 V 排放标准的三效催化（TWC）技术实现了大规模应用，为汽油车 HC（VOCs）、CO、NO$_x$ 减排发挥了重要作用。目前国内已开始国Ⅵ TWC 和汽油车颗粒物捕集（GPF）技术开发，并实现部分应用。氮氧化物选择性催化还原（SCR）技术的成果研发与应用有力地支撑了我国柴油车国 V 标准的实施。已开发出满足国Ⅵ标准的 SCR、柴油机颗粒物过滤器（DPF）等柴油车后处理核心关键技术，在国产柴油车上实现了集成与示范应用。目前机动车排放控制主要集中在尾气排放的常规污染物，蒸发排放及非碳氢类挥发性有机物的排放（如醛酮类含氧 VOCs）的控制技术需进一步加强。

污染物的近零排放与温室气体的协同减排是机动车污染控制技术的发展趋势，这对汽柴油车后处理系统的低温净化性能提出了更加苛刻的要求，也使得后处理系统的集成、后处理系统与发动机的集成匹配在污染物减排中的作用更加凸显。我国在发动机及后处理控制技术上的不足，将成为制约未来国产化技术应用的瓶颈。

图 4.8　重型柴油车排放标准法规实施年限及相应控制技术

注：PM：颗粒物；AOC：氨氧化催化剂；SCRF：带 SCR 涂层的柴油机颗粒物过滤器

2. 非道路移动源

非道路移动源包括非道路移动机械、船舶、铁路内燃机车和飞机等。其中，非道路移动机械是指我国境内所有新生产、进口及在用的以压燃式、点燃式发动机和新能源（如插电式混合动力、纯电动、燃料电池等）为动力的移动机械、可运输工业设备等（生态环境部，环大气〔2018〕34 号）。按用途划分，包括工程机械、农业机械、小型通用机械、柴油发电机组、船舶、铁路内燃机车、民航飞机。我国非道路柴油机每年新增 300 万台左右。目前在全国每年超过 1 亿吨的柴油消耗总量中，约有 36%用于各类非道路移动机械（中国环境科学研究院，2018）。《中华人民共和国大气污染防治法》明确将非道路移动机械纳入管理范围。

基本建立了非道路移动机械污染物排放标准体系和测量方法。2007 年 4 月，我国颁布了《非道路移动机械用柴油机排气污染物排放限值及测量方法（中国Ⅰ、Ⅱ阶段）》（GB 20891—2007），2008 年和 2010 年分别开始陆续执行第Ⅰ、Ⅱ阶段。2014 年颁布了《非道路移动机械用柴油机排气污染物排放限值及测量方法（中国第三、四阶段）》（GB 20891—2014），要求 2014 年和 2020 年分别实施第三、第四阶段。第四阶段首次对非道路机械柴油排放的 $NO_x$ 和 HC 限值做了明确规定，排放量相对于比第三阶段降低 50%～90%（中国环境科学研究院，2018）。2002 年和 2016 年分别颁布了《船舶发动机排气污染物排放限值及测量方法（中国第一、二阶段）》（环境保护部，环大气〔2016〕56 号）和《涡轮发动机飞机燃油排泄和排气排出物规定》（中国民用航空总局令〔2002〕108 号），有效规范并降低了船舶和飞机等源排放强度，但污染物排放限值仍高于美国和欧盟同期的排放限值，距离我国提出的 2025 年与世界最先进排放控制水平接轨的控制目标仍有距离（生态环境部，环大气〔2018〕34 号）。目前我国尚未制定火车的排放标准，需要进一步完善。

开展了广泛的非道路移动机械排放清单研究。2014 年，环境保护部颁布了《中国非道路移动源排放清单编制指南（试行）》，对建立非道路机械排放清单工作具有重要的指导意义。非道路移动机械排放清单研究工作在全国各地陆续开展，该工作在源分类体系、活动水平统计及排放因子测试等方面有长足进步，其中珠三角、京津冀、长三角等地较为完善，但在非道路机械保有量和活动水平以及实际排放特征等方面还存在较大的不确定性，需进一步研究并取得突破（卞雅慧 等，2018）。

　　**鼓励推广使用非道路移动机械污染防治新技术**。经过几十年发展，非道路机械尾气后处理装置形成了一系列技术，包括废气再循环（EGR）、柴油机颗粒物过滤器（DPF）、选择性催化还原（SCR）、三元催化转化（TWR）、电控燃油喷射系统（EFI）和柴油机氧化型催化转化器（DOC）等。2018 年生态环境部发布《非道路移动机械污染防治技术政策》（环大气〔2018〕34 号），鼓励自主研发、推广应用这些排放控制技术，同时加强非道路用燃料、机油及氮氧化物还原剂的管理，有力推动了非道路移动机械污染的治理步伐。据估算，2017 年我国国 I 和国 I 前标准的工程机械排放 $NO_x$ 和 HC 的贡献率达 60.4%和 52.3%（中国环境科学研究院，2018）。因此，非道路移动机械污染防治新技术的应用可大幅度降低臭氧前体物的排放。

　　虽然我国非道路移动源排放研究和治理取得了长足进步，但也面临着一系列严峻的挑战。首先，排放测试方法需要更新。现有国内外非道路移动机械用柴油机的排放测试大都按新产品阶段型式认证提出的要求执行，忽视了整车运行时的排放，亟须出台针对整机的车载排放测试要求（中国环境科学研究院，2018）。其次，现有排放限值仍较欧美国家偏高，缺乏自身标准，需要建立适合我国国情的世界更先进排放控制水平的标准体系。另外，非道路移动机械行业标准实施管理机制至今尚未形成。由于非道路机械尚未建立生产一致性检查、牌照登记和周期性环保检验等管理制度，新柴油机械标准执行率不高（中国环境科学研究院，2020）。总体来讲，目前我国非道路移动机械排放与控制技术研究相对匮乏，这影响了非道路移动机械排放的控制与精细化管理。

# 第五章　行动与路径

通过多年的科学探索和综合防治，欧美等发达国家和地区臭氧污染防治取得了积极成效，相关经验值得借鉴。我国臭氧污染防治工作虽然起步较晚，但是近年来我国在臭氧污染防治方面采取了一些重要举措和行动，在探索臭氧污染防治路径方面获得宝贵的经验，初步取得了一些认识，这些经验和认识为下一阶段持续推进臭氧污染防治奠定了重要基础。

## 第一节　发达国家和地区臭氧污染防治历程与经验

欧美、日本等发达国家和地区都曾饱受臭氧污染问题的困扰。20 世纪 40 年代，美国洛杉矶首先发现臭氧污染问题，并率先开展了臭氧污染防治的科研与实践。1970 年，美国正式发布《清洁空气法案》（CAA），并于 1977 年和 1990 年两次对《清洁空气法案》进行了修正，其间对臭氧浓度标准进行了多次修订和收紧。1979 年美国确定将臭氧作为评价指标，1997 年将平均基准由最初的 1 小时均值改为 8 小时均值，2008 年和 2015 年先后将臭氧的浓度限值收紧至 0.07ppmv[①]（298K 下，137μg/m³），年评价方法为日最大 8 小时滑动平均浓度第四大值的 3 年滚动平均（王占山 等，2013）。美国陆续编制出台了多项移动源和固定源标准，并将全美划分为三类臭氧区域，即"达标区"、"非达标区"和"未可分类区"，同时成立臭氧传输评估委员会，划定臭氧传输区域（李媛媛 等，2018）。除了授权各州自行制定州实施计划以控制臭氧污染外，美国于 2005 年发布了《清洁空气州际法规》，开始在州际尺度上加强臭氧污染的联防联控（李媛媛 等，2018），并分别于2015 年和 2016 年对其进行了修订。在污染物控制策略上，早期臭氧污染防治路径主要以 VOCs 控制为主，随着 VOCs 减排工作的深入，臭氧改善的效果逐渐收窄，美国于 20 世纪 90 年代中期开始强化电力行业 $NO_x$ 排放控制，并对 VOCs 和

---

① 1ppmv：百万分之一容积。

NO$_x$ 进行协同控制。经过一系列控制措施，美国臭氧浓度平均水平（臭氧浓度年评价值的平均值）自 1980 年起呈现下降趋势，20 世纪 90 年代经历了一段时期的稳定后，于 2002 年后再次明显下降；1980～2018 年，美国臭氧浓度平均水平下降了 31%（美国环保署网站 https://www.epa.gov/air-trends/ozone-trends）。美国臭氧污染防治历程见图 5.1。

| 重要节点 | 20世纪40年代 | 1971年 | 1979年 | 1990年 | 1997年 | 2005年 | 2008年 | 2015年 | 2016年 |
|---|---|---|---|---|---|---|---|---|---|
| 臭氧标准 | – | 光化学氧化剂 | 臭氧1小时平均值:120ppbv① | | 3年臭氧8小时滑动平均值的第四大值:80ppbv | | 3年臭氧8小时滑动平均值的第四大值:75ppbv | 3年臭氧8小时滑动平均值的第四大值:70ppbv | |
| 法规法案 | – | 1970年出台《清洁空气法案》 | | 修正《清洁空气法案》 | | 出台《清洁空气州际法规》 | | 出台《跨州空气污染法规》 | 出台《跨州空气污染法规》加强版 |
| 策略措施 | 从经济技术角度出发，以VOCs为主的防控策略 | | | • 编制出台移动源和固定源系列标准。固定源：将各州分为"达标区"、"非达标区"和"未可分类区"。移动源：包括管控机动车和非道路设备的燃油组分及尾气控制设备等。• 成立臭氧传输评估委员会，划定臭氧传输区域，成立臭氧传输协会。 | VOCs面源、消费品等全面减排 | | 溶剂、消费品行业从VOCs总量控制转为活性总量控制 | | 突出夏季 |
| | | | | | 实施分阶段区域性NO$_x$大型燃烧源减排 | | | | |
| 减排重点 | 美国加利福尼亚州地区主要以控制VOCs为主，东部地区主要以控制NO$_x$为主 | | | | VOCs、NO$_x$协同控制 | | | | |
| | | | | | – | | 强化电力行业NO$_x$减排 | 进一步强化电力行业减排 | 强化夏季电力行业减排 |
| 防控成效 | 1990年相对于1980年臭氧浓度年均降幅为1.1%，年均下降1.14ppbv 以本地源排放为主的洛杉矶等地臭氧污染改善明显，高VOCs地区改善较慢 | | | | 2016年相对于1997年，臭氧浓度年均降幅为1.0%，年均下降0.83ppbv | | | | |
| 科学认知 | VOCs、NO$_x$是臭氧的主要前体物 | | 在臭氧区域性污染特征方面达成共识 | | 州际协同，协同控制NO$_x$，深化高架源减排，启动季节性调控 | | | | |

① ppbv：十亿分之一容积。

图 5.1　美国臭氧污染防治历程

　　欧洲的臭氧污染防治历程始于 20 世纪 70 年代，由于机动车保有量大幅度增加，致使德国、荷兰等国家一些大城市相继发生光化学烟雾事件。1979 年，34 个欧共体成员国签订了《远距离越境空气污染公约》（LRTAP），联合开展前体物减排（郑军，2017）。截至 1999 年，该公约一共修订了八项设定减排承诺的议定书。然而，实施了一系列减排措施之后，欧洲各国的臭氧浓度仍呈现上升趋势（孙雷，2019）。为此，欧盟将臭氧纳入重点防控对象中。2001 年欧盟发布了《国家空气污染排放限值指令》，并于 2002 年正式将臭氧作为常规污染物进行监测，同时建立了一套科学的臭氧标准及臭氧污染评价体系，这些举措对推动欧盟各国臭氧污染防治起到了重要的推动作用（张博，2006）。2000 年前后，欧盟部分国家大气臭氧浓度开始出现下降趋势。2012 年欧盟进一步修订《哥德堡协议》，在污染物控制策略上打破了以往只针对单一污染物进行限制的格局，开始更加注重多种污染物之间的相互影响和协同控制（魏巍贤 等，2017）。图 5.2 显示出欧盟臭氧污染防治历程（鲍捷萌 等，2021）。

| 重要节点 | 20世纪70年代 | 1979年 | 1988年 | 1991年 | 1999年 | 2001年 | 2002年 | 2008年 | 2012年 | 2016年 |
|---|---|---|---|---|---|---|---|---|---|---|
| 臭氧标准 | — | | | | | | 日最大8小时滑动平均：120μg/m³ | | | |
| | — | | | | | | 1小时平均：通报限值(180μg/m³)、警报限值(240μg/m³) | | | |
| 法规法案 | — | 出台《远距离越境大气污染公约》(LRTAP) | 签订《索菲亚协议》 | 签订《日内瓦协议》 | 发布《环境空气中二氧化硫、二氧化氮、氮氧化物、PM₁₀、铅的限值指令》、签订《哥德堡协议》 | 发布《国家空气污染排放限值指令》 | 发布《环境空气中有关臭氧的指令》 | 发布《关于环境空气质量和为了欧洲更清洁空气的2008/50/EC指令》 | 进一步修订《哥德堡协议》 | 发布《国家空气污染排放值指令》(2016/2284/EU号) |
| 策略措施 | ●控制臭氧前体物的排放<br>●积极研发减排技术 | | | | ●加强对臭氧前体物的进一步减排<br>●实行污染物总量控制<br>●加强臭氧监测，建立科学的臭氧标准及臭氧污染评价体系<br>●制定欧盟国家统一的指导性臭氧标准 | | | | 关注多种污染物之间的相互影响和注重协同控制 | |
| 减排重点 | | | | | VOCs和NOₓ | | | | VOCs、NOₓ协同控制 | |
| 防控成效 | ●臭氧浓度从20世纪50年代开始显著上升，在2000年左右上升趋势开始缓和，目前欧洲一些站点臭氧的浓度甚至出现了下降趋势<br>●2015年欧盟28个成员国NOₓ和NMVOCs（非甲烷VOCs）的浓度与1990年相比分别下降56%和61% | | | | | | | | | |
| 科学认知 | VOCs、NOₓ是臭氧的主要前体物 | | | 在臭氧区域性污染特征方面达成共识 | | | | 建立高密度、高强度的地面臭氧监测网络，有利于掌握臭氧污染规律 | 多种污染物相互作用、多种过程耦合，各种污染问题相互关联 | |

图 5.2　欧盟臭氧污染防治历程

日本光化学烟雾污染在 20 世纪 70 年代凸显，每年光化学烟雾污染预警甚至超过 300 天。1973 年，日本政府修订了《大气污染防治法》，将光化学氧化剂作为大气污染物进行管理，规定光化学氧化剂的小时浓度达标限值为 0.06ppmv（293K 下，120μg/m³）并一直沿用至今。在治理初期，日本主要关注固定源排放控制。1992 年出台了《机动车 NOₓ 法》，明确规定禁止使用不符合排放标准的机动车，在污染源管控上实现了从固定源到固定源和移动源齐抓共管的转变。2004 年修订的《大气污染防治法》增加了《VOCs 排放规范》，采用法律规范和企业自主减排相结合的方式进行 VOCs 减排，并将 VOCs 纳入总量控制的管辖范围。在臭氧前体物削减上完成了从单一控制 $NO_x$ 到 $NO_x$ 与 VOCs 协同减排的转变。在防治策略上完成了从个体达标排放到污染物总量控制的转变（王宁 等，2016）。此外，日本从 1976 年开始进行地面光化学氧化剂及其前体物的监测，是亚洲国家中最早对地面臭氧进行长期监测的国家。在高度重视环境监测和预警能力建设的同时，日本政府还积极推进光化学污染研究。经过近 40 年的臭氧污染防治的探索和实践，从 2010 年开始，日本的臭氧污染在程度、频率和波及范围上都呈现出下降趋势（杨昆 等，2018）。图 5.3 显示了日本臭氧污染防治历程。

| 重要节点 | 20世纪70年代 | 1973年 | 1976年 | 1981年 | 1992年 | 2001年 | 2004年 | 2006年 | 2007年 | 2013年 |
|---|---|---|---|---|---|---|---|---|---|---|
| 臭氧标准 | 规定光化学氧化剂的小时浓度达到限值为60ppbv(约120μg/m³，293K)，光化学氧化剂是指臭氧、过氧乙酰硝酸酯(PAN)及其他光化学反应生产的氧化物质(限于能氧化碘化钾为碘的物质，不包括二氧化氮) | | | | | | | | | 规定光化学氧化剂日最大8小时滑动平均值的第99百分位数的3年平均值作为反映环境质量总体变化的指标之一 |
| 法规法案 | 1968年出台《大气污染防治法》 | – | – | 修订《大气污染防治法》 | 出台《机动车$NO_x$法》 | 修订《机动车$NO_x$法》 | 修订的《大气污染防治法》中增加《VOCs排放规范》 | – | 再次修订《机动车$NO_x$和PM法》 | |
| 策略措施 | ●开展$O_x$及其前体物$NO_x$和VOCs(仅限于非甲烷总烃NMHC)监测<br>●制定机动车排放标准、出台汽车核准登记制度<br>●出台机动车限行政策 | | | | | | ●法律规范和企业自主结合的方式进行VOCs减排<br>●对化学品制造、涂装、VOCs物质贮存等6类重点固定源实施VOCs排放控制，要求VOCs排放设施单位进行申报、达标排放和监测记录<br>●将VOCs纳入总量控制范围 | | ●对排放的PM和$NO_x$同时管控<br>●严格了相关的燃油、尾气排放标准，通过减税补贴，降低更换新车成本，注重公交系统管理<br>●加强企业VOCs排放管理，推广低VOCs含量涂料 | |
| 减排重点 | – | 重点控制$NO_x$ | | | | | VOCs、$NO_x$协同控制 | | | |
| | | $NO_x$达标排放控制 | | | 污染物总量控制 | | | | | |
| | | 仅关注固定源排放控制 | | | 固定源、移动源齐抓共管 | | | | | |
| 防控成效 | 1992～2013年机动车监测站$NO_x$年均浓度累积下降了57%，普通监测站累积下降54%；<br>2000～2012年固定源非甲烷总烃(NMHC)年均浓度下降了48% | | | | | | | | | |
| 科学认知 | VOCs、$NO_x$是臭氧的主要前体物 | 需要长期开展臭氧监测和预警 | | | | | 在基本解决$SO_2$、$NO_x$、PM污染问题后，系统推进光化学污染研究 | | | |

图 5.3　日本臭氧污染防治历程

发达国家和地区的臭氧污染防治历程为我国臭氧污染防治提供有意义的经验借鉴。在控制策略方面,美国、欧盟和日本均经历了从单一臭氧前体物($NO_x$ 或 VOCs)控制到二者协同控制的转变,从污染物排放达标控制到污染物总量控制甚至到活性总量控制的转变,从只关注固定源到固定源和移动源两手抓的转变。然而,这些国家或地区在臭氧污染防控策略上也存在一些差别,如美国早期以 VOCs 控制为主,日本则以 $NO_x$ 控制为主。在法规标准方面,美国、欧盟和日本均通过颁布相关法律法规指导臭氧污染防控及其前体物的减排,美国和日本在治理初期采用光化学氧化剂作为指示物,之后美国采用臭氧浓度 1 小时平均值和 8 小时滑动平均值作为基准并逐步加严达标限值,日本则始终以光化学氧化剂浓度达标为核心。在联防联控方面,欧美等国家或地区对臭氧污染区域性特征认识较早,美国在州内、州际和国际尺度上对臭氧进行全面防治,欧盟各国很早就建立了大气污染联防联控机制和法律体系,在臭氧污染协同控制方面发挥了重要作用。在科学研究方面,美国、欧盟和日本均注重对臭氧污染形成机理及防控对策的科学研究,在 20 世纪八九十年代组织开展了若干大型综合研究计划项目,构建了大气光化学烟雾污染监测网络,长期监测近地面臭氧及其前体物的浓度变化。由发达国家和地区臭氧污染防治历程与经验可以看出,通过开展科学研究、确定控制策略、建立法规标准、实施联防联控、持续推进臭氧前体物减排、建立健全臭氧污染防控的科学体系,可有效实现臭氧浓度的稳步下降。

## 第二节　我国臭氧污染防治的重要行动与策略建议

我国臭氧污染研究始于 20 世纪 70 年代兰州西固地区发生的光化学烟雾污染。北京大学、中国环境科学研究院以及甘肃省内相关科研单位联合开展了我国最早的大气光化学烟雾污染防治研究,这一研究不仅为兰州市臭氧污染防治提供了有效的科技支撑,而且为我国光化学烟雾污染防治提供了重要的理论依据(李金龙等,1988)。20 世纪 80～90 年代,珠三角、长三角、京津冀等地区陆续开展了有关臭氧污染特征、形成机理、防控措施等研究。进入 21 世纪后,我国大气复合污染日益凸显的现象引起了国家环保部门的关注,2008 年,中国环境监测总站组织启动了天津、上海、重庆、广东、广州、深圳、南京、苏州和宁波等 9 个省市参加的臭氧污染监测试点工作，其间获得了大量宝贵的监测数据。上述科学的探索与试点监测为我国开展臭氧污染防治奠定了重要基础。

近年来，我国臭氧污染问题日益突出，在大力防控 $PM_{2.5}$ 污染的同时，将臭氧污染防控逐步纳入国家大气污染治理行动，在建立臭氧监测量值传递体系、构建大气光化学监测网络、开展重点区域 VOCs 监测、建立臭氧前体物污染源排放清单、实施 $NO_x$ 与 VOCs 协同减排、开展重点行业 VOCs 综合治理等方面开展了一系列工作。2018 年先后发布了《打赢蓝天保卫战、推进臭氧污染防治工作指导意见（征求意见稿）》和《环境空气臭氧污染来源解析技术指南（试行）（征求意见稿）》等文件，指导各地推进臭氧污染防控工作。图 5.4 显示了中国近年来在臭氧污染防治方面的举措与行动。

### 1. 国家层面上明确多污染物协同控制防治策略

"十一五"末至"十二五"初，我国大气污染的区域性、复合型污染特征逐渐显现，我国的大气污染防治策略逐步从单一污染物防控向多污染物协同控制转变，多污染物协同控制逐步加强。2010 年出台了《关于推进大气污染联防联控工作改善区域空气质量的指导意见》，规定了大气污染联防联控工作的重点区域、重点污染物、重点行业、重点企业和重点问题等，首次从国家层面上提出了开展 VOCs 防治工作，并将一些 VOCs 排放重点行业列为防控重点，开展多污染物协同控制。2012 年发布的《关于实施〈环境空气质量标准〉（GB 3095—2012）的通知》进一步要求"实施多污染物协同控制，制定并实施更加严格的火电、钢铁、石化等重点行业大气污染物排放限值，大力削减二氧化硫、氮氧化物、颗粒物和挥发性有机物排放总量"。在这一防治策略的推动下，我国针对 $SO_2$、$NO_x$、颗粒物和 VOCs 开展了一系列减排工作。

### 2. 持续强化臭氧前体物 $NO_x$ 和 VOCs 减排

我国 $NO_x$ 排放主要来自工业源和移动源等部门。自 2011 年发布《国家环境保护"十二五"规划》开始，我国推行了严格的脱硫脱硝措施，机动车尾气排放标准不断提升，$NO_x$ 开始呈现持续下降的态势。相比 $NO_x$，VOCs 排放涉及的行业众多、量大面广、系统复杂，污染管控难度较大。2012 年发布的《重点区域大

能力建设

- 出台标准、技术规范
- 建立光化学监测网络
- 建立臭氧污染预报预警平台及应急预案
- 开展臭氧污染来源解析

科学研究

- 自2012年起，中国从国家层面上部署了十多个与臭氧污染相关的重要科技项目。
- 研究方向：涵盖臭氧的环境暴露和健康效应、臭氧污染态势与控制途径、臭氧对颗粒物生成的影响、臭氧与$PM_{2.5}$协同控制、臭氧污染联防联控技术与集成示范、臭氧污染防治技术和管理体系等。

20世纪70年代兰州西固地区光化学烟雾污染事件，北京大学、中国环境科学研究院以及甘肃省内相关科研单位联合开展了中国最初的大气光化学烟雾污染防治探索研究。

20世纪80~90年代，中国科学家在珠三角、长三角、京津冀等地区也开展了有关臭氧污染特征、形成机理、防控措施方面的持续性研究。

进入21世纪，中国大气复合污染特征凸显，有关臭氧污染防治也引起了中国环保部门的关注，2008年由中国环境监测总站组织，启动了天津、上海、重庆、广东、广州、深圳、南京、苏州、宁波等9个城市或地区参加的臭氧污染监测试点工作。

防治策略

2010年：出台《关于推进大气污染联防联控工作改善区域空气质量的指导意见》，开展多污染物协同控制。

2011年：发布《国务院关于加强环境保护重点工作的意见》。

2012年：发布《环境空气质量标准》(GB3095—2012)，标志中国将臭氧正式纳入环境空气质量管理体系。

2016年：发布《中华人民共和国国民经济和社会发展第十三个五年规划纲要》、《"十三五"生态环境保护规划》，进一步要求"实施多污染物协同控制"。

2017年之后，持续发布了《"十三五"挥发性有机物污染防治工作方案》、《2018年重点地区环境空气挥发性有机物监测方案》、《重点行业挥发性有机物综合治理方案》、《挥发性有机物无组织排放控制标准》等。

前体物协同减排

2011年：发布《国家环境保护"十二五"规划》。

2012年：发布《重点区域大气污染防治"十二五"规划》。

协同控制

2013年：发布《大气污染防治行动计划》。

2016年：发布《"十三五"生态环境保护规划》。

2018年：发布《打赢蓝天保卫战三年行动计划》、《关于打赢蓝天保卫战、推进臭氧污染防治工作的指导意见(征求意见)》和《环境空气臭氧污染来源解析技术指南(试行)(征求意见稿)》。

2018年：成立中国环境科学学会臭氧污染控制专业委员会。

2020年：为确保完成"十三五"环境空气质量改善目标任务，印发《2020年挥发性有机物治理攻坚方案》，并在全国开展夏季(6—9月)VOCs治理攻坚行动。

2010

2015

2020

实践探索　　　　　　　　区域和城市

珠三角、长三角等地区和上海、成都等城市相继开展了一系列臭氧污染防治的有益探索，积累了一批成功经验，为其他区域和城市开展臭氧污染防治提供了示范。

重要空气质量保障

充分利用重大活动空气质量保障的契机，在2015年北京纪念中国抗战胜利70周年大阅兵、2016年杭州G20峰会、2017年厦门"金砖会议"、2018年上合青岛峰会、2019年武汉军运会等活动中，开展了区域性臭氧污染防治实践，重点针对臭氧污染联防联控范围、精准控制、浓度削峰、联动方式等进行了探索。

图5.4　中国近年在臭氧污染防治方面的举措与行动

气污染防治"十二五"规划》首次提出减少 VOCs 排放的目标，规划文件同时提出开展 VOCs 重点行业治理、完善防治体系等相关措施。此后，我国发布了一系列与 VOCs 污染防控相关的政策性文件与标准规范，如《挥发性有机物（VOCs）污染防治技术政策》、《大气挥发性有机物源排放清单编制技术指南（试行）》、《挥发性有机物排污收费试点办法》、《重点行业挥发性有机物削减行动计划》、《吸附法工业有机废气治理工程技术规范》（HJ 2026—2013）等。进入"十三五"，我国开始推进 $NO_x$ 和 VOCs 的协同控制。2016 年发布的《"十三五"生态环境保护规划》明确要求 $NO_x$ 排放总量减少 15%，在重点区域、重点行业推进 VOCs 排放总量控制，全国排放总量下降 10% 以上。此后，我国持续发布一系列与 VOCs 管控相关的政策文件、标准规范及工作方案，如《"十三五"挥发性有机物污染防治工作方案》、《2018 年重点地区环境空气挥发性有机物监测方案》、《重点行业挥发性有机物综合治理方案》和《挥发性有机物无组织排放控制标准》等，VOCs 排放控制工作逐步深入。2020 年 6 月 24 日，我国印发了《2020 年挥发性有机物治理攻坚方案》，并在夏季（6～9 月）开展 VOCs 治理攻坚行动，以进一步强化 VOCs 减排。

上述政策措施的实施，对我国 $NO_x$ 和 VOCs 减排起到了积极作用。面临臭氧污染恶化和蔓延态势的挑战，国家目前尚缺乏臭氧污染控制目标约束下的 $NO_x$ 和 VOCs 协同减排研究和政策规划，$NO_x$ 和 VOCs 协同减排的功效尚未充分体现，臭氧前体物尤其是 VOCs 减排的力度亟待加强。

3. 将臭氧污染防控逐步纳入国家大气污染治理行动

2013 年和 2018 年我国发布的《大气污染防治行动计划》和《打赢蓝天保卫战三年行动计划》明确了我国大气污染防治工作的总体思路、基本目标、主要任务和保障措施，提出了打赢蓝天保卫战的时间表和路线图。然而，这两个行动计划均以降低 $PM_{2.5}$ 浓度为首要目标，虽然提出了控制 VOCs 和 $NO_x$ 的排放，但如何同时遏止臭氧污染恶化的势头，还需充分考虑以 $PM_{2.5}$ 和臭氧污染同时防控为目标的协同减排。

2016 年发布的《"十三五"生态环境保护规划》将优良天数比例列为约束性指标。随着 $PM_{2.5}$ 浓度持续降低，臭氧污染对优良天数比例的影响日益凸显，各地职能部门对臭氧污染的关注度迅速提升。2018 年发布的《关于打赢蓝天保卫战、推进臭氧污染防治工作的指导意见（征求意见稿）》进一步明确，要"夯实臭氧污染防治工作基础，明确臭氧管控基本思路，推进 $PM_{2.5}$ 与臭氧的协同控制"。为了解决各省市在臭氧污染防治中面临的技术瓶颈，2018 年发布的《环境空气臭氧污染来源解析技术指南（试行）（征求意见稿）》提出了适用于我国的臭氧污染源解析技术方法，为进行臭氧污染防控提供了技术支撑。2018 年 9 月中国环境科学学会臭氧污染控制专业委员会正式成立，这是我国首个以臭氧污染控制为主题的学术机构。"专委会"的建立旨在充分发挥科学研究在臭氧污染防控中的引领和带动作用，为推进我国臭氧污染控制相关领域学术发展与科研管理提供专业支持，旨在早日破解 $PM_{2.5}$ 与臭氧污染协同控制这一科学与技术难题，加快我国臭氧污染控制的进程。

### 4. 持续推进臭氧污染防治基础能力建设

2012 年颁布的《环境空气质量标准》（GB 3095—2012）和 2013 年发布的《环境空气质量评价技术规范（试行）》（HJ 663—2013）首次增加了臭氧 8 小时浓度限值标准和臭氧评价指标，标志着我国将臭氧正式纳入环境空气质量管理体系。此后，我国不断持续推进臭氧污染防治综合能力建设。一是出台了相关标准、技术规范。2010 年以来相继出台了相关排放标准 38 项（固定移动源 23 项，移动排放源 15 项），检测标准 26 项。二是建立了光化学监测网络。在建成全国 $NO_x$ 监测网的基础上，在全国 1436 个城市评价点、16 个背景站、96 个区域站相继开展臭氧监测。2016 年启动了大气颗粒物组分及光化学监测网的建设，实现了环境空气监测从单纯的质量浓度监测向化学成分监测的重大转变。2018 年启动了重点地区环境空气 VOCs 监测，推进了环境空气 VOCs 监测体系和能力建设。三是建立了臭氧污染预报预警平台及应急预案。中国环境监测总站设立了中国环境质量预报预警中心，逐步完善了"国家—区域—省级—城市"多层次预报业务体系，区域和省市级监测机构基本形成了 7～10 日空气质量预报能力。四是开展臭氧污染来源解析。发布《环境空气臭氧污染来源解析技术指南（试行）（征求意见稿）》，指导各地科学开展臭氧污染来源解析工作，增强了臭氧污染防治的科学性和精准性。总体来看，随着各级政府对臭氧污染防控重视程度的提高，我国臭氧污染防治综合能力建设取得了长足的进步，但距离支撑臭氧污染精准防控的总目标仍然存在一定的差距。

### 5. 部署一系列臭氧污染相关的重大科研计划

2012 年以来，我国部署了多项与臭氧污染防控相关的重大科研计划，包括环保公益性行业科研专项、国家重点研发计划大气污染成因与控制技术研究项目、国家自然科学基金重大项目等，研究内容涉及臭氧的环境暴露和健康效应、臭氧污染态势与控制途径、臭氧对颗粒物生成的影响、$PM_{2.5}$ 与臭氧协同控制、臭氧污染联防联控技术与集成示范、臭氧污染防治技术和管理体系等诸多领域。上述科研计划的实施对认识臭氧污染成因、发展态势与污染规律，对厘清臭氧与 $PM_{2.5}$ 的相互作用、探明 $PM_{2.5}$ 与臭氧协同控制机制、加深臭氧对人体健康影响的认识、构建臭氧污染防治技术与管理体系和区域臭氧污染联防联控机制等方面发挥了重要作用。研究成果为遏制臭氧污染上升态势提供了重要的理论依据和科技支撑，下一步需要在继续推进臭氧污染防控科学研究的基础上，加快科研成果到防控对策的转化和应用。

### 6. 区域和城市层面开展了臭氧污染防控实践探索

近年来，珠三角、长三角等地区和上海、成都等城市相继开展了一系列臭氧污染防治的探索，为其他区域和城市开展臭氧污染防治提供了宝贵的经验。各地充分利用重大活动空气质量保障的契机，在 2015 年北京纪念中国抗战胜利 70 周年大阅兵、2016 年杭州 G20 峰会、2017 年厦门"金砖会议"、2018 年上合青岛峰会、2019 年武汉军运会等活动中，开展了区域性臭氧污染防治的实践，针对臭氧污染联防联控范围、精准施策、浓度削峰、联动机制等做了积极的探索。根据举办地大气污染特征和空气质量模拟等方法，划定不同级别的管控范围；在保障前开展臭氧前体物排放源底数的摸排；建立监测预报、会商研判和应急管控机制；实施数据实时分享和跨区域跨部门的联动机制；开展措施评估并及时调整管控措施。上述经验对我国区域性臭氧污染防治具有重要的指导意义。

尽管我国已经将臭氧污染防控纳入国家大气污染治理行动计划，并在城市和区域等不同层面上开展了臭氧污染防治的探索与实践，并取得了一定的成效，但总体而言，我国臭氧污染尚未进入稳定的下降通道，臭氧防控对全国二次污染治理的全局性价值重视程度仍有待加强。目前的臭氧污染防治，针对重大活动保障临时性管控和污染季节削峰行动比较多，长效性、系统性的防控策略和行动计划还比较少。我国尚未建立起完整的臭氧污染防治的区域联防联控的管理体系，探索适合我国国民经济与社会发展现状的臭氧污染防控路径和臭氧污染防治路线图迫在眉睫。如何汲取国内外臭氧污染防治的宝贵经验，实现区域整体性、持续性的空气质量改善，需要尽早在以下几方面取得突破：

（1）确立以 $PM_{2.5}$ 和臭氧为核心的多污染物协同控制战略。高度重视臭氧污染防治长期性和艰巨性，在国家层面上尽早确立以 $PM_{2.5}$ 和臭氧为核心的多污染物协同控制战略，尽快构建 $PM_{2.5}$ 与臭氧污染协同控制的科学综合防治体系，制定国家臭氧污染防治路线图。"十四五"期间，深入开展 $PM_{2.5}$ 和臭氧的协同控制研究，统筹考虑并制定不同层面 $PM_{2.5}$ 和臭氧污染的综合防治对策，制定具有地区差异化的 $NO_x$ 与 VOCs 协同减排策略，着力推进 $PM_{2.5}$ 与臭氧污染的协同防治，持续开展臭氧前体物（$NO_x$ 和 VOCs）的在线监测、污染源在线监测数据的信息化管理、排污许可证和排放总量控制，有效减少臭氧和 $PM_{2.5}$ 污染。

（2）制定国家和区域臭氧污染防控目标与总体路线图。从"十四五"开始，提出臭氧浓度和超标天数改善的具体目标，制定国家、区域、城市臭氧污染防治总体路线图，明确量化指标和完成时限，将臭氧污染防治成效纳入空气质量管理考核体系。提出国家、区域、城市臭氧污染防治行动计划和具体的任务措施。推动重点区域开展臭氧高发季节污染防控攻坚行动，加强区域、城市间的臭氧污染防治联防联控，建立完善的区域臭氧污染防治协作机制，加强重污染应急联动。

（3）构建国家级空气质量管控科学决策支撑体系。不断提升大气污染科学管理能力，尽快建立国家级空气质量管控科学决策系统，即构建"质量目标—减排目标—减排计划—减排方案—减排效果评估"的空气质量管控体系，支撑臭氧污染防治的科学决策。加强臭氧污染防治顶层设计，成立国家级臭氧污染防治专家委员会，支撑臭氧污染防治的科学防治。明确国家与地方在臭氧污染管控上的职责分工，为打赢蓝天保卫战提供组织保障和技术支撑。

## 第三节　我国臭氧污染防控路径初探

从国际国内臭氧防治的历程和经验看，$NO_x$ 和 VOCs 等臭氧前体物的协同减排是有效遏制臭氧污染的关键。模型研究显示（图 5.5），珠三角、长三角、京津冀等城市群臭氧对 $NO_x$ 排放的敏感性总体上为负值，说明城市群大多处于 VOCs 控制区，优先控制 VOCs 排放将有助于这些地区减轻臭氧污染。而其他地区臭氧对 $NO_x$ 和 VOCs 排放的敏感性为正值，说明这些地区处于 $NO_x$ 控制区或过渡区，开展以 $NO_x$ 污染控制为重心的 $NO_x$ 和 VOCs 协同控制将有助于减轻这些地区特别是背景区域的臭氧污染状况。如何同时降低城市群和郊区或区域背景臭氧污染将是未来臭氧污染防控面临的新挑战。

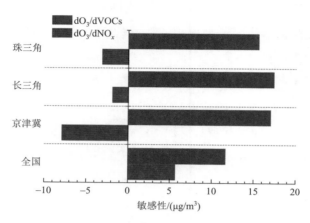

图 5.5　2017 年我国臭氧对 VOCs 排放和对 $NO_x$ 排放的敏感性

　　模型研究进一步提示，在珠三角、长三角、京津冀等城市群，近期内大力削减 VOCs 排放对降低臭氧峰值浓度具有积极的作用，是消除臭氧轻度污染天、提高空气质量优良率的有效途径，而削减少量的 $NO_x$ 排放可能会导致臭氧浓度的升高。随着 VOCs 排放量的持续削减，臭氧污染改善的积极效果将逐步减弱，尤其是在珠三角、长三角等植被覆盖率高、天然源 VOCs 排放量大的区域。从长远来看，这些地区的大气污染控制战略将从 VOCs 转向 $NO_x$ 控制，即在 VOCs 减排的基础上转向削减 $NO_x$ 排放，这样才能持续降低臭氧浓度。因此，这些地区在臭氧短期削峰（治标）和长期达标（治本）的方法上更加需要科技支撑，需要通过制定合理的 $NO_x$ 和 VOCs 的减排比例，在短期削峰和长期达标之间取得平衡，确保城市臭氧污染控制能取得更好的效果。这方面需要持续推进相关研究工作。

　　在珠三角、长三角、京津冀等城市群，人为源排放量较高，前体物控制力度要高于其他地区才能改善臭氧污染。即使在区域层面大力控制臭氧前体物排放实现区域 MDA8-90 达标，但区域内个别城市的 MDA8-90 最大值仍有可能存在超标的现象。城市地区不仅需要单独开展 $NO_x$ 和 VOCs 的控制，还需要摸清臭氧及其前体物的污染规律，同时需要扩大臭氧前体物联防联控的范围。

# 第六章  探索与实践

近年来，随着 $PM_{2.5}$ 污染不断改善，臭氧污染已逐渐成为各地重点关注的大气环境问题。在此背景下，珠三角、长三角、成渝等多地在臭氧污染防治方面开展了积极探索，部分城市臭氧污染防治初见成效，臭氧污染恶化趋势有所缓解。

## 第一节  区 域 实 践

### 1. 珠三角：先行先试，率先探索大气污染联防联控

珠三角是世界先进制造业基地和现代服务业基地、中国经济发展的重要引擎，也是改革开放以来中国经济发展最快、经济总量最大、城市化水平最高、人口最密集的地区之一。该地区资源消耗大，加上密集的植被覆盖和高温高湿的气候特征，珠三角多种大气污染物和天然源 VOCs 高强度集中排放，以 $PM_{2.5}$ 和臭氧为代表的二次污染问题显著，区域内城市之间相互输送和叠加，呈现出区域性、复合型、压缩型的污染特征。珠三角是中国最早开展大气污染防控的城市群地区之一。经过 20 余年的污染防治，$PM_{2.5}$ 污染程度明显改善，年均浓度已连续 5 年实现稳定达标，平均浓度小于 $35\mu g/m^3$（图 6.1）。但臭氧污染不降反升的问题也十分突出。近 10 年来臭氧年评价浓度升幅达 2.1%，尤其是 2019 年，珠三角臭氧年评价浓度达到 $176\mu g/m^3$（此为参考状态浓度，标况为 $192\mu g/m^3$，下同），相比 2018 年增长了 7.3%，为近 10 年来最高浓度值和最大增长幅度。臭氧污染已经成为制约珠三角持续改善空气质量的关键瓶颈问题。

（1）多措并举，大气污染防治机制体系逐渐完善

珠三角大气污染联防联控工作起源于粤港合作。依托粤港合作联席会议制度，2002 年粤港两地政府共同发布了《改善珠江三角洲空气质素的联合声明》，提出了珠三角 $SO_2$、$NO_x$、$PM_{10}$ 和 VOCs 的减排目标，落实了《珠江三角洲地区空气质素管理计划（2002—2010 年）/（2011—2020 年）》；2008 年成立了广东省区域

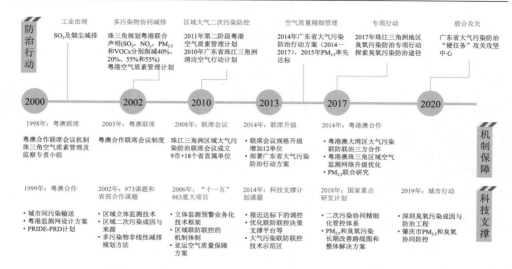

图 6.1　珠三角大气污染防治行动、机制保障和科技支撑

大气污染防治联席会议制度，确定了区域内各地政府大气污染防治工作机制，发布实施了首个面向城市群的大气复合污染治理计划，推进了珠三角大气污染联防联控工作；2014 年，粤港澳三地共同签署了《粤港澳区域大气污染联防联治合作协议书》，把大气污染联防联控合作由粤港双边推进到粤港澳三边合作；其间，面对珠三角区域大气污染防治相关的法规依据和政策措施不断完善的实际情况，先后制定实施了《广东省珠江三角洲大气污染防治办法》（2009 年）、《关于珠江三角洲地区严格控制工业企业挥发性有机物（VOCs）排放的意见》（2012 年）、《广东省大气污染防治行动方案（2014—2017 年）》（2014 年）、《广东省环境保护厅关于重点行业挥发性有机物综合整治的实施方案》（2014 年）等。为了推进 VOCs 减排，共印发了行业 VOCs 排放标准和治理技术指南 17 份，覆盖了 22%的珠三角工业行业。尽管部分政策措施提及珠三角臭氧污染防控和 VOCs 减排，但这些政策措施仅仅是针对珠三角 $PM_{2.5}$ 达标而制定的，联防联控机制和前体物协同减排技术体系还不能科学地支撑珠三角臭氧污染精细化管控。虽然近年来珠三角臭氧前体物排放有所下降，但依然无法遏制臭氧污染上升的势头。相比 2012 年，2017 年珠三角 $NO_x$ 排放约下降了 24%，VOCs 排放下降了约 14%。$NO_x$ 和 VOCs 减排比例不协调可能是导致珠三角臭氧浓度不降反升的主导因素之一。

（2）专项行动，探索实践区域臭氧污染防治途径

2015 年，臭氧成为珠三角地区占比最高的首要污染物。为探索区域臭氧污染防治的技术途径，2017 年 4 月，广东省环境保护厅（现广东省生态环境厅）部署了"珠三角地区臭氧污染防治专项行动"，组织珠三角地区优势科研力量，实践并探索既定政策对推动珠三角臭氧浓度进入下降通道的可能性。项目团队以"方案制定—措施落地—效果评估"为工作路线，通过外场观测和针对性的科学研究，提出了以控制 VOCs 排放为主的珠三角区域臭氧污染短期控制策略，确定了专项行动的科学方案：为实现珠三角臭氧污染进入下降通道，珠三角在保持现有 $NO_x$ 排放控制力度的前提下，必须削减 31% 的 VOCs 排放量。为了保证科学方案落地实施、强化涉 VOCs 企业监督，广东省环境保护厅发布了《2017 年珠三角地区秋季臭氧污染防治专项行动实施方案》，明确了 9～11 月为专项行动的实施阶段，制定了以重点 VOCs 排放企业和"散乱污"企业为对象的一系列措施和各地市工作方案，同时成立臭氧防治专项行动督查小组，对 13 个重点行业 582 家企业开展现场督查。

专项行动期间，珠三角 VOCs 减排 18%左右，接近观测的 VOCs 浓度下降比例（12%），但低于科学方案设定的减排目标（31%）；督查期内珠三角整体臭氧 MDA8 平均观测浓度环比督查前下降了 6%左右，与模拟的珠三角臭氧平均浓度下降 6.8%吻合，验证了加强 VOCs 排放控制是短期内遏制珠三角臭氧污染上升态势的有效途径（图 6.2）。尽管如此，2017 年珠三角秋季臭氧 MDA8 相对于 2016 年依然上升了 15%。评估结果表明：同期不利的气象条件掩盖了 VOCs 减排带来的臭氧污染改善成效。虽然专项行动在总体上低于预期，但这次以臭氧防控为目标的科学实验和实践探索，显著增强了珠三角臭氧污染防治的科学认识，并坚定了近期以 VOCs 减排为主导的臭氧污染防控的路径选择。

（3）精准施策，开展 $PM_{2.5}$ 和臭氧协同防控探索与实践

依托科技部国家重点基础研究发展计划（973 计划）课题、"十一五"国家高技术研究发展计划（863 计划）和国家科技支撑计划等科技项目的持续支撑，珠三角建立了国内首个大气污染联防联控技术示范区，组建了覆盖整个粤港澳地区的大气复合污染监测网络和预测预警体系，珠三角地区实现了对大气环境质量变化的监测预报及污染过程应对的快速反应，形成了区域空气质量管理的运行机制。近年来，

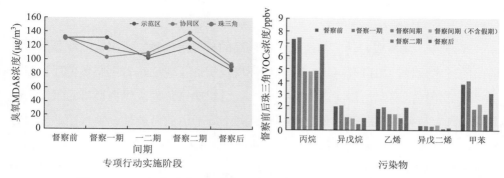

图6.2　2017年秋季珠三角臭氧污染专项行动臭氧和VOCs变化趋势

随着臭氧浓度的不断攀升，珠三角空气质量进入了 $PM_{2.5}$ 和臭氧污染协同防控的新阶段；2019年2月，国务院印发实施的《粤港澳大湾区发展规划纲要》对珠三角空气质量改善提出了更高的要求，$PM_{2.5}$ 和臭氧污染要全面对标国际先进水平。为推动珠三角空气质量全面持续改善，科技部不失时机地启动了国家重点研发计划"$PM_{2.5}$ 和臭氧综合防控技术与精准施策示范"项目（2018 年）和广东省重点领域研发计划"珠三角 $PM_{2.5}$ 和臭氧污染协同控制及示范"项目（2019年），旨在：通过深化二次污染演变成因与耦合形成机制，精准掌控 $PM_{2.5}$ 和臭氧的协同控制的技术途径；升级二次污染组分立体监测预警网络，提高 $PM_{2.5}$ 和臭氧诊断和污染应对能力；完善关键前体物缺失组分的排放清单，精准识别二次污染关键来源；最终提出区域 $PM_{2.5}$ 和臭氧中长期改善目标和路线图，建立 $PM_{2.5}$ 和臭氧污染精细化协同管控技术体系，以支撑珠三角空气质量的全面改善。目前，珠三角仍在积极探索臭氧污染进入下降通道的技术体系、防治策略和工作机制。2020年，广东省生态环境厅建立了广东省大气污染防治"硬任务"攻关攻坚中心，重点以臭氧污染防治为核心，组织地方优势团队，配合当前"一市一策一专班"现场督导服务，推动精准防控技术的落地应用，以探索出 $PM_{2.5}$ 浓度持续降低、臭氧污染得到遏制并进入下降通道的 $PM_{2.5}$ 和臭氧污染精细化协同管控的技术体系和联防联控机制。

2. 长三角：区域协作，联手推进 $PM_{2.5}$ 和臭氧污染协同防控

长三角是中国重要的经济中心、全球重要的航运中心，同时也是中国制造业中心和石化产业集中发展区，是中国经济、能源、产业和交通最活跃的区域，其

$NO_x$ 和 VOCs 排放强度长期以来位居中国城市群之首，也是区域臭氧污染居高不下的根本原因。2019 年，长三角臭氧年评价浓度值达到 $165\mu g/m^3$（标况 $180\mu g/m^3$），较 2013 年上升了 27.7%。目前，长三角区域 $PM_{2.5}$ 尚未达标，臭氧污染问题却接踵而至。为持续改善区域空气质量，长三角在 $PM_{2.5}$ 和臭氧污染协同防控方面进行了积极的探索，科技支撑能力得到了大幅度提升，重点行业 $NO_x$ 和 VOCs 协同减排取得了积极进展（图 6.3）。

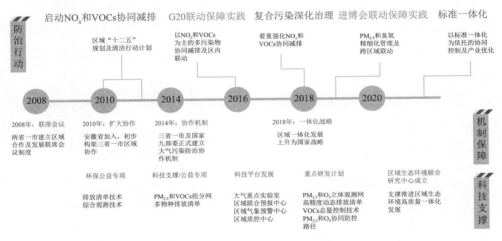

图 6.3　长三角大气污染防治行动、机制保障和科技支撑

（1）以重大活动保障和新冠疫情防控减排为契机，积极探索 $PM_{2.5}$ 和臭氧协同防控路径

G20 峰会空气质量保障是长三角首次针对臭氧污染问题在区域层面开展联防联控的实践。2016 年，G20 峰会于 9 月 4~5 日在浙江省杭州市举办，其间正值夏秋交替季节，长三角受副热带高压的影响易发生臭氧污染。历史同期杭州市臭氧 MDA8 日均浓度最高达 $166\mu g/m^3$。为保障会议期间空气质量目标（空气质量达到《环境空气质量标准》（GB 3095—2012）二级浓度限值，$PM_{2.5}$ 日均值优于二级浓度标准），长三角针对区域臭氧污染开展了联防联控。8 月 24 日~9 月 5 日保障期间，杭州市 $PM_{2.5}$ 同比下降了 44%，达到历史同期最低水平；臭氧 MDA8 平均浓度同比下降了 $6\mu g/m^3$，控制在 $160\mu g/m^3$ 以下，圆满完成了空气质量保障目标，在科学认识和防控实践上收获了宝贵的经验。

　　在原环境保护部和长三角区域大气污染防治协作机制指挥下，G20 保障工作划定了以杭州为核心、近周边及主要输送通道上游地区分圈层、分级别的联动区域，制定了分阶段、有梯度的控制措施。保障期间核心区（杭州市）VOCs 和 $NO_2$ 浓度环比分别下降 57%和 58%，100 千米严控区范围内 VOCs 和 $NO_2$ 浓度环比分别下降 41%和 30%，300 千米管控区范围内 VOCs 和 $NO_2$ 浓度环比分别下降 19%和 13%，确保了峰会期间杭州市臭氧浓度达标。尽管如此，在峰会期间长三角 $NO_2$ 浓度大幅度下降、VOCs 浓度也持续降低的背景下，臭氧浓度仍在高位徘徊并出现过超标现象，尤其是在 8 月 28 日核心区采取机动车单双号限行后，夜间臭氧浓度呈阶梯式上升，充分印证了臭氧来源的广泛性和开展区域联防联控及 $NO_x$ 与 VOCs 协同减排的重要性。不同区域 VOCs 的构成和活性差异及减排方案急需通过更深入的科学研究以明确更精细的臭氧污染防控技术路径。G20 峰会保障的成功经验表明，强有力的区域联防联控与协同减排是有效遏制臭氧污染的根本出路（图 6.4）。

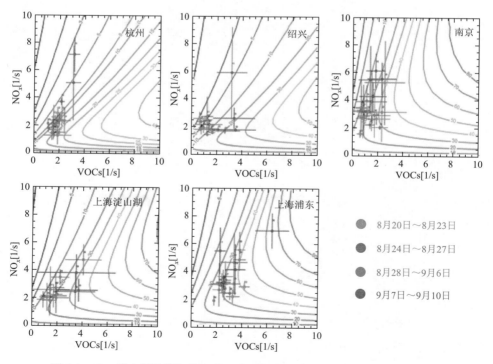

图 6.4　G20 峰会保障期间长三角主要站点臭氧及其前体物的响应关系变化

　　2020 年春节期间，新冠肺炎疫情暴发，各地实施人流和交通的严格管控，我国东部地区相当一部分城市仍然出现臭氧量的显著增加，PM$_{2.5}$ 呈现多日中度乃至重度污染（Huang et al.，2020；Shi et al.，2020）。研究发现，疫情管控期间，人为活动水平显著降低，特别是交通排放急剧减少（较往年同期减排 70% 以上），城市和区域大气中氮氧化物和一次排放的颗粒物浓度显著降低，但因为一氧化氮对臭氧的"滴定"作用减弱以及臭氧生成对氮氧化物与挥发性有机物的非线性响应，反而导致了从京津冀到长三角的整个东部区域臭氧浓度显著增加，进一步加剧昼间和夜间氧化剂（如昼间羟基自由基和夜间三氧化氮自由基）的生成，故而在大部分前体物（如氮氧化物、挥发性有机物、二氧化硫等）显著降低的情况下，反而促进了二次颗粒物（如硫酸盐、硝酸盐、铵盐和二次有机气溶胶等）的化学生成，在特定气象条件下出现生成的二次颗粒物明显超过一次减排，进而形成了两次大区域尺度的多日重霾过程（图 6.5）。该过程进一步说明秋冬季大气复合污染防治中需充分考虑"跨区域、多污染物协同减排问题"：一方面，综合考虑不同前体物减排实现 PM$_{2.5}$ 和臭氧的协同控制，特别关注在氮氧化物控制条件下，即便在秋冬季节仍须加大挥发性有机物的减排力度；另一方面，需要特别重视区域尺度

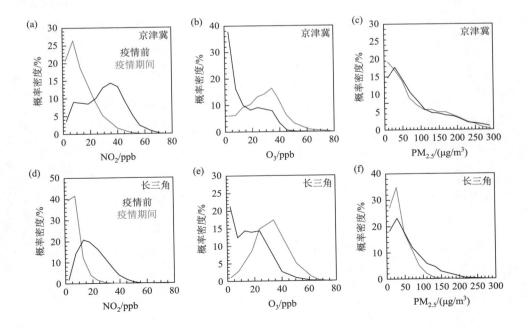

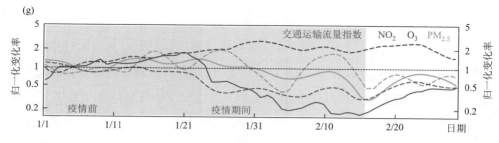

图 6.5　新冠肺炎疫情减排期间臭氧、PM$_{2.5}$ 及前体物的变化（Huang et al.，2021）

的协同减排问题，关注上风向地区因前体物减排导致大气氧化性增加会进一步抵消下风向地区 PM$_{2.5}$ 的减排成效。

（2）组织联合科技攻关，夯实 PM$_{2.5}$ 和臭氧污染协同防控技术基础

G20 杭州峰会空气质量保障使长三角各省市充分意识到臭氧污染防控的长期性、复杂性和艰巨性。为破解 PM$_{2.5}$ 和臭氧协同防控的难题，近年来长三角地区先后加大了基础能力建设和科研投入，相继建成了国家环境保护城市大气复合污染成因与防治重点实验室、长三角区域空气质量预测预报中心、长三角环境气象预报预警中心和华东区域质控中心等多个科技平台，形成了以三省一市环科院、监测中心和国内顶尖高校组成的区域大气环境科研队伍，为开展臭氧污染防控做好了重要的技术储备。在监测预警方面，长三角发展和建立了融合 747 个常规站、17 个超级站、气溶胶和 VOCs 走航、卫星遥感、系留气球、MAX-DOAS 等垂直观测的大气复合污染立体观测体系，形成了 PM$_{2.5}$ 与光化学组分监测网、质控质保体系和数据共享机制，为精细诊断臭氧与 PM$_{2.5}$ 二次污染成因提供了重要的技术支撑。在排放清单方面，通过持续开展大气污染源本地化排放特征研究，形成了以本地化数据为基础的长三角大气污染源排放因子与源成分谱数据库，建立了区域精细化排放清单并持续开展动态更新，为精准识别区域臭氧污染来源提供了重要支撑。在成因研究方面，2017 年以来长三角地区先后组织开展了多次春夏季臭氧污染加强观测，研究发现沿江及沿杭州湾等臭氧高发地区为 VOCs 控制区，其中甲醛、乙醛、二甲苯、甲苯、乙烯等活性物质对二次产物贡献较大，强化 VOCs 活性物质协同减排对区域臭氧污染防控至关重要。

（3）科学谋划区域一体化发展，深入推进 NO$_x$ 和 VOCs 协同减排

"十二五"期间，长三角开始关注 NO$_x$ 和 VOCs 协同治理，2010 年出台的《重

点区域大气污染防治"十二五"规划》首次将 VOCs 治理纳入试点工程。"十三五"期间,随着区域臭氧污染问题日益突出,长三角在继续强化火电、钢铁、水泥等重点源 $NO_x$ 治理的同时,全面开展 VOCs 污染治理工作,石化、化工、涂装、包装印刷、印染等重点行业 VOCs 治理工作持续向前推进。2013~2017 年间,长三角区域 $NO_x$ 减排 30%左右,VOCs 排放开始进入下降通道,但是能源、产业、交通等结构性问题依然比较突出,区域臭氧污染仍处于高位。2018 年,长三角区域大气污染防治协作小组审议通过了《长三角区域空气质量改善深化治理方案(2017—2020 年)》,明确提出了 $NO_x$ 和 VOCs 协同减排的要求。同年11 月,长三角一体化发展上升为国家战略,区域大气污染防治协作进入新的发展阶段,区域层面深入推进 VOCs 排放标准、产品标准和技术规范,探索实施 VOCs 总量控制,联合推进重点行业 VOCs 特别排放限值和源头治理。上海、浙江、江苏等部分地区臭氧污染快速上升的势头开始得到遏制,协同减排效果开始显现。

# 第二节　城市行动

### 1. 上海市:多措并举,实施 VOCs 精细治理,推动臭氧长期改善

上海是中国经济最发达及能源、产业、交通高度密集的城市之一,其石化、化工、汽车、船舶、装备制造、包装印刷等行业门类齐全,工业 VOCs 排放密度与强度位居中国前列,城市臭氧和 $PM_{2.5}$ 等二次污染问题突出。2013~2017 年,上海市臭氧 MDA8 浓度年均增幅达到 4.3%,2017 年臭氧污染达到历史最高水平,臭氧 MDA8 浓度达到 $172\mu g/m^3$,超越 $PM_{2.5}$ 成为影响上海市空气质量优良率的首要污染物。为了探明臭氧污染成因和来源、摸清 VOCs 污染防治的技术路径,上海市围绕臭氧污染形成机制、VOCs 排放清单、关键活性组分及其臭氧污染贡献等关键问题部署了多项重大研究,建立健全法规标准规范,探索城市尺度 VOCs 精细化治理路径,助力臭氧污染的长期改善(图 6.6)。

(1)发挥科技引领作用,提升城市臭氧污染防治科技能力

2008 年以来,上海市生态环境局(原上海市环境保护局)和市科委先后支持开展了多轮臭氧污染成因与防控重大项目,监测评估、来源识别和科学决策能力

不断加强，形成的系列性科研成果在推进上海市臭氧污染防治工作中发挥了重要的支撑作用。在监测评估方面，2008 年以来先后建设了 4 座 VOCs 组分自动观测站和臭氧污染立体观测网，布置并建设了"8 + 2"重点工业园区空气特征污染物监控网，推进重点企业安装污染源 VOCs 在线监测，初步实现了 VOCs 污染的精细化监测及监管，这些技术手段在上海市臭氧污染防治过程中发挥了重要作用。在来源识别方面，利用超站观测、离线采样、精细化清单及数值模拟等技术手段，对造成臭氧污染的关键组分来源进行来源解析，研究发现臭氧高污染期间，上海本地及近周边排放源对上海臭氧的污染贡献可达 60%，较非污染期间增加 1～2 倍，削减本地 VOCs 排放可有效削减臭氧峰值浓度。研究进一步明确乙烯、丙烯、丁烯、甲苯、二甲苯、三甲苯以及甲醛等是导致臭氧污染的关键活性组分，进而从臭氧污染防治角度提出了石化、有机化工、汽车和船舶制造以及包装印刷、金属制品、家具涂装等为优控行业。2020 年出台的重点行业 VOCs 综合治理方案（2.0 版）中将上述组分和行业纳入管控范围。在科学研究方面，发现上海本地臭氧生成属于极强的 VOCs 控制型，坚持长期削减 VOCs 排放对本地臭氧污染防治至关重要。模拟研究表明，要有效遏制臭氧污染恶化的态势，上海及周边区域 VOCs 前体物至少需要减排 40% 以上，短期内 VOCs 的减排幅度要 2～3 倍于 $NO_x$，长期来看 $NO_x$ 的减排比例要达到 60% 以上。

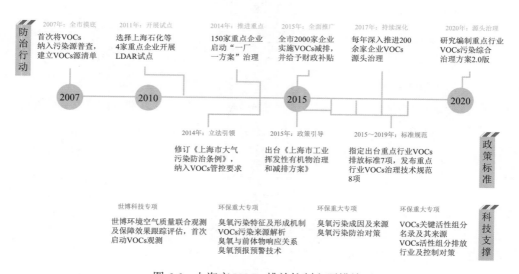

图 6.6　上海市 VOCs 排放控制主要措施

（2）注重臭氧污染长期改善，逐步建立健全 VOCs 污染防治管理体系

上海市 VOCs 污染防治工作始于 2010 年，作为区域"十二五"大气污染联防联控规划牵头城市，率先试点开展了重点石化企业 VOCs 治理。此后，针对臭氧污染长期改善的需求，上海市在以下六方面开展工作，持续推进 VOCs 精细化治理。

一是立法引领。2014 年修订了《上海市大气污染防治条例》，首次在法规中纳入了从源头、工艺到末端的 VOCs 全过程污染控制要求，并明确了相应的罚则，对全面 VOCs 污染防治起到了重要的助推作用。

二是健全标准。为明确各行业 VOCs 治理要求，指导减排方向，2015 年以来针对石化化工、汽车制造、船舶制造、涂料油墨、包装印刷等重点行业，先后制定出台了 5 项行业标准、2 项综合标准以及 8 项技术规范，对推进 VOCs 减排发挥了重要作用（表 6.1）。

表 6.1 上海市出台的 VOCs 排放标准及技术规范

| 序号 | 类型 | 名称 | 实施时间（年-月） |
|---|---|---|---|
| 1 | 标准 | 涂料、油墨及胶黏剂工业大气污染物排放标准 | 2019-07 |
| 2 | | 印刷业大气污染物排放标准 | 2015-03 |
| 3 | | 涂料、油墨及其类似产品制造工业大气污染物排放标准 | 2015-05 |
| 4 | 标准 | 上海市船舶工业大气污染物排放标准 | 2015-12 |
| 5 | | 上海市大气污染物综合排放标准 | 2016-01 |
| 6 | | 家具制造业大气污染物排放标准 | 2017-07 |
| 7 | 规范 | 上海市工业固定源挥发性有机物治理技术指引 | 2013-07 |
| 8 | | 设备泄漏挥发性有机物排放控制技术（泄漏检测与修复）规程（试行） | 2014-08 |
| 9 | | 化工装置开停工和检维修挥发性有机物排放控制技术规范规程（试行） | 2014-08 |
| 10 | | 上海市印刷业挥发性有机物控制技术指南 | 2016-09 |
| 11 | | 上海市船舶工业涂装过程挥发性有机物控制技术指南 | 2016-09 |
| 12 | | 上海市涂料、油墨及其类似产品制造工业挥发性有机物控制技术指南 | 2016-09 |
| 13 | | 上海市存储过程挥发性有机物排放控制技术规范（试行） | 2018-01 |
| 14 | | 设备泄漏挥发性有机物排放控制技术规范 | 2018-11 |
| 15 | | 挥发性有机物治理设施运行管理技术规范（试行） | 2019-09 |

三是创新模式。针对 VOCs 行业门类复杂、环节众多、工艺水平参差不齐等特点，研究建立了"一厂一方案"治理模式，2014 年以来先后推进完成了石化、化工、涂装、包装印刷等行业 2300 余家企业的 VOCs 治理，减排成效显著。

四是政策引导。2015 年起先后为泄漏检测与修复（LDAR）、末端治理及在线监测项目提供专项资金补贴，鼓励扶持企业加快 VOCs 治理进度，截至 2017 年年底，共拨付 VOCs 补贴资金约 2.5 亿元。

五是培训指导。充分发挥行业协会、企业集团优势，开展 VOCs 专题培训，推动形成企业自律、行业共识和社会共治。

六是执法倒逼。2015 年制定出台《无组织排放废气（粉尘）环境行政执法操作规程》，为 VOCs 无组织排放提供了执法依据。

（3）深挖减排潜力，持续探索城市 VOCs 精细化治理对策

通过近 10 年的持续治理，上海市 VOCs 排放总量累计下降了 30%左右，城区大气中芳香烃等 VOCs 重要组分浓度持续下降（图 6.7）。2019 年上海市臭氧 MDA8-90 浓度为 151μg/m³，全市臭氧浓度上升的速度有所减缓。尽管如此，上海

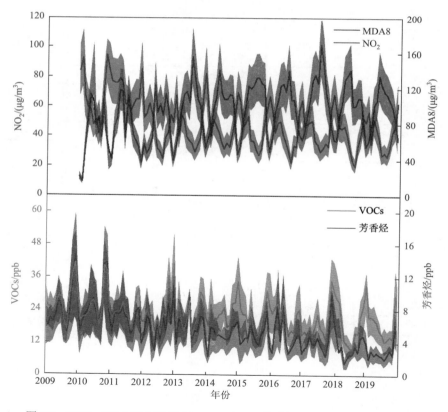

图 6.7　2009～2019 年上海市 MDA8、NO₂、芳香烃和 VOCs 浓度变化趋势

市臭氧浓度仍处于气象和环境敏感的波动期，特别是在能源、产业及交通快速增长的背景下，臭氧污染防治及其主要前体物减排依然任重道远。2020 年 3 月，上海市生态环境局发布了《重点行业挥发性有机物综合治理工作通知》（简称"VOCs 2.0 版"），突出精准治污、科学治污和依法治污，进一步聚焦工业涂装、包装印刷、民用涂料等溶剂使用源以及石化、化工行业芳香烃和烯烃等活性组分减排，更加注重低 VOCs 原辅料源头替代产品及技术推广，推动工艺技术及产业结构的升级与产业空间布局优化，通过实施 VOCs 的工程推动臭氧污染长期改善。

### 2. 成都市：聚焦重点，持续开展夏季臭氧污染时段科学防治

成都是我国西部地区重要的中心城市，也是我国重要的高新技术产业基地、商贸物流中心和综合交通枢纽，行政区域面积 14 335km$^2$，2019 年常住人口 1 600 余万人，机动车保有量达 576 万辆，GDP 1.7 万亿元。成都市人口、产业、机动车保有量高度集中，以全省约 3%的土地面积支撑了全省 20%的常住人口、36%的 GDP 和30%的机动车保有量。

2013 年以来，成都市不断加强大气污染的控制力度，大气 PM$_{2.5}$ 浓度持续下降。随着工业化、城市化、机动化进程的快速推进，臭氧污染问题及其对优良天的影响日益突出。与其他城市不同，成都市受青藏高原东缘地形地貌和盆地气象条件的影响，即使在近乎相同的社会经济发展条件下，成都市的臭氧污染问题可能会显得更加严峻，这对成都市臭氧污染防控提出了更高的挑战。针对这一特征，成都市于 2014 年起启动了臭氧污染控制的系列性研究，逐步探明了成都市大气 VOCs 的浓度水平、基本构成、关键活性组分和 VOCs 浓度的时空分布，建立了臭氧与 NO$_x$、VOCs 之间的非线性响应关系，加深了对成都臭氧污染成因的科学认识，逐渐寻找到了成都市臭氧污染防控的技术途径。基于这些研究成果，成都市在城市和城市群两个层面大胆地开展臭氧污染防控的科学实践，建立城市和区域多部门臭氧污染削峰的联动机制，实时科学评估减排措施的实施效果。臭氧污染防控工作逐渐向深层次推进。2017 年起，成都市聚焦臭氧污染的重点时段和污染来源，在每年夏季开展臭氧专项行动，通过持续推进专项行动，成都市臭氧快速上升的势头有所减缓（图 6.8）。评估结果显示，扣除气象条件影响，成都市在臭氧污染控制中"人努力"对减缓臭氧污染发展态势起到了重要的作用（图 6.9）。

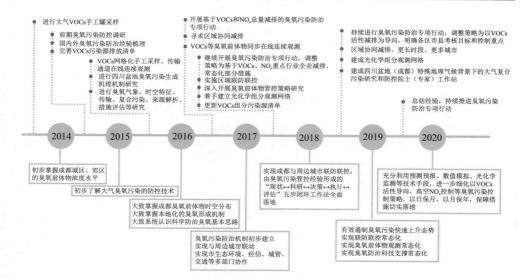

图 6.8　近年来成都市臭氧污染防治工作思路和主要措施

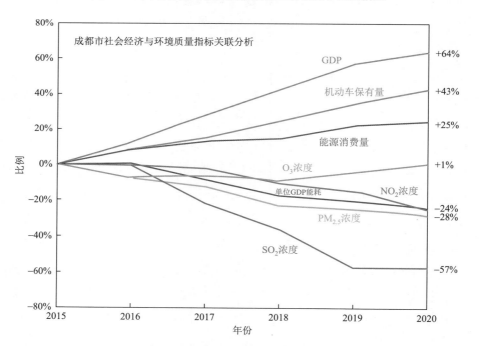

图 6.9　成都市社会经济与环境质量指标关联分析（2015～2020 年）

（1）政府高度重视，通过科研与执行闭环管理推进臭氧防控

成都市政府高度重视大气污染防治工作。"大气十条"实施以来，成都市根据

生态环境部的部署将 $PM_{2.5}$ 和臭氧污染防治列为大气污染防治的常年工作任务。基于前期的系列性研究和污染防控的科学实践，市级各部门和区（市）县政府间在开展大气污染防控上逐渐取得了共识，建立了市委市政府牵头的多部门联动和区县联动的组织保障体系。2017 年起，市政府将"夏季臭氧污染防治专项行动"列入每个年度的例行工作计划并纳入政府工作年度考核体系。

在具体工作上，成都市大气污染防治以"现状监测、科研分析、决策部署、措施执行、效果评估"五步闭环法为工作思路，实现科研和管理双向的反馈和螺旋上升。臭氧污染防治从厘清现状、科研先行、科学决策、强力执行、回顾评估着手，不断推动科研与决策持续改进。

持续开展有针对性的科学研究。为支撑空气质量持续改善，成都市于 2014 年起启动本地化的臭氧及光化学污染特征研究，2016 年开展了网格化臭氧前体物、主要污染传输通道以及臭氧形成机制等系列性研究；2017 年，在持续观测的基础上，重点对关键组分和敏感性进行了深化研究；2018 年，以重点行业的污染源排放清单为切入点，在观测的基础上，对影响臭氧的主要人为污染源进行了分类管控；2019 年，增设 2 个光化学网络站和大气科研院士（专家）工作站，探索以活性 VOCs 组分管控为导向的臭氧防控策略，并将科技支撑融入污染管控环节。持续性的跟踪研究进一步增强了政府对内陆盆地地区臭氧污染问题的科学认识，进一步确立了成都市臭氧污染的防控战略：近期以 VOCs 减排为主，协同开展 $NO_x$ 科学减排；中长期随着臭氧生成敏感区的演变逐渐聚焦机动车污染的精细化管理。

强化措施落实和执行力。2017 年以来，成都市逐步形成了从市级各部门到区县政府的夏季臭氧污染防治专项行动的组织保障体系，政府各部门根据污染防控的具体要求先后制定了年度夏季臭氧行动方案和督查方案。2017 年，针对 VOCs 总量削减，成都市依托中央环保督察推动中央和地方专项执法，使得 VOCs 观测的总体浓度较 2016 年下降 14.4%。2018 年，成都市继续以重点行业 VOCs 减排为导向，借助省级环保督察，虽然总 VOCs 观测浓度较 2017 年上升 19.6%，略高于 2016 年水平，但臭氧污染天数略微下降。2019 年，成都市尝试以活性 VOCs 减排为导向，依托住建、城管等部门和市区两级生态环境局强化检查，同时利用 VOCs 走航监测、在线监测和飞行检查等技术手段，监督污染防控措施的落实情况，保证减排量落地及措施到位，虽然总 VOCs 观测浓度同比上升 11.2%，但芳香烃、烯烃、炔烃的浓度大幅度下降，OFP 下降 14.4%。近年来臭氧污染防控的科学实践证明，在常态化防治措施的基础上，强化溶剂使用、涂装、油气等活性 VOCs 排放行业的控制，可使臭氧污染防控在短期内取得积极的成效。

开展动态科学的决策评估，建立反馈机制。基于臭氧污染防治工作的闭环管理，臭氧专项行动评估主要包括预评估、过程评估和后评估，评估内容主要包括气象条件的正面或负面影响、VOCs 和 NO$_x$ 实际减排量的测算、企业减排措施落实的情况、减排措施量化后模型的定量化评估、减排方案有效性和敏感性的评估，结果用于支撑来年污染防控方案的编制和完善。通过闭环管理和信息反馈，用于支持构建臭氧污染防治逐年递进的政策体系。

（2）夯实工作基础，实现臭氧污染短期和中长期防治业务化

依托精准和业务化的空气质量模型和预测预报技术。成都市的空气质量模式由预测预报的业务化工作需求驱动，期间在气象预报本地化方面做了大量的改进，臭氧模式预报和人工预报准确率逐年提高。日常工作中，利用业务化中长期预报（40 天）研判臭氧污染的中长期变化趋势，捕捉可能发生的污染过程；开展 10 天预报与中长期预报结果间的相互印证，根据多模式和气象要素变化，做人工短期修订。2014～2019 年，臭氧污染预报的等级准确率均在 75% 以上，2016 年后准确率提升至 85% 以上，对臭氧污染过程预报的准确率达 100%。2019 年起，对成都平原八市开展业务化中长期预报支持，支撑了 2019 年 8 月成都平原城市臭氧联防联控活动。

建设光化学监测网络，形成臭氧污染及其前体物的在线观测能力。成都市的光化学组分观测起步较晚，2015 年以前只有零星点位和时段的离线罐采样分析，覆盖的物质仅限于 PAMS 56 种组分。2016 年开展了覆盖成都所有区（市）县和邻近城市的 4 个季节 VOCs 网格化采样，并在主要传输通道进行了多点位在线连续观测，包括 VOCs、PAN 等。2017 年和 2018 年坚持夏季原点位在线连续 VOCs 观测。2019 年分别在传输通道的上、下风向建立了两个光化学观测站，监测包括 117 项 VOCs 指标和颗粒物水溶性离子。

编制精细化的年度 VOCs 动态源排放清单及物种清单。成都市高度重视污染源排放清单的更新工作。近 3 年持续开展 VOCs 源成分谱的测量，不断完善与更

新源成分谱数据库。2018 年，结合第二次全国污染源普查活动水平数据，经校核和计算，更新了成都市大气污染源排放清单，并结合所建立的 VOCs 源成分谱建立了第一版 VOCs 组分清单。2018 年和 2019 年该清单对部分关键行业如石化、家具和人造板企业等进行更详细的核算和清单更新。2020 年对不确定性较大的 OVOCs 组分清单进行校核和修正。从历年的经验来看，企业受排放政策的影响自发进行原料替代，致使 VOCs 的年度差异较大，从而造成工业源、社会生活排放和移动源 VOCs 源排放清单存在较大的不确定性，VOCs 排放总量和组分信息反馈滞后，给下阶段臭氧污染的精准防治制造了一定的困难。

（3）保持战略定力，科学认识臭氧污染的长期性和艰巨性

成都市 2017～2019 年的臭氧污染防控取得了一些成效。然而，应该指出的是，成都市目前正处在城市化、工业化和机动化的快速发展阶段，城市建设、经济建设和机动车保有量的高速发展给环境带来了巨大的压力。可以预料未来若干年，成都市臭氧污染防控将进入平台期和僵持期。需要充分地认识到，臭氧污染防治将是一项长期和艰巨的任务，不可能一蹴而就。要实现臭氧长期达标，一是需要客观认识气象条件和排放对臭氧污染的短期和中长期影响，保持臭氧污染防治持续作战的战略定力；二是需要持续深化四大结构调整，在移动源、工业源和生活源控制上力争取得新的突破；三是充分协同冬季和夏季防控需求，持续推进臭氧防控，力争早日探索出适合成都及其周边地区臭氧和 $PM_{2.5}$ 污染控制取得双赢的技术路径。

# 第七章　结　　语

　　臭氧污染防治具有复杂性、长期性和艰巨性的特征，需要科学引领和技术支撑。近年来，我国部分城市在臭氧污染防治工作上开展的艰难探索初见成效。目前，学术界对我国臭氧污染的形成机制已经基本形成共识，"前体物控制区"等科学理论日臻成熟，基础理论与技术研发成果已开始用于臭氧污染防控实践。然而，中国幅员辽阔，自然条件和前体物排放特征差异巨大，臭氧污染成因、来源及防控策略的科学认识和技术能力仍显不足，现有科研成果对臭氧防控的指导作用还有待加强，现有研究还难以支撑臭氧污染精细化防控的实际需求。而且，臭氧污染防治非一日之功，国家层面需要加强臭氧污染防控的顶层设计，高屋建瓴地做好政策性引导，区域层面需要加强成因分析并建立区域联防联控机制，城市层面需要加强应急管理和措施落实，多管齐下、久久为功，才能尽快遏制并扭转臭氧污染恶化的势头，实现 $PM_{2.5}$ 和臭氧协同防控的战略目标。

　　基于以上认识，针对臭氧污染防控提出以下几个方面的对策建议。

　　（1）构建臭氧污染防治科学管理体系

　　改进臭氧污染评价标准、方法和考核办法。及时修订环境空气质量标准，提出更适合我国国情的臭氧 IAQI 分级对应浓度值；厘清气象与社会经济等多因素对我国臭氧污染的定量影响，研究符合我国国情的臭氧允许超标天数和允许宽容比，改进和优化臭氧污染评价方法、考核指标与考核形式。

　　划定臭氧污染联防联控区域，实施前体物减排分区管理。在重视局地污染减排的基础上，结合区域污染现状、传输规律和前体物排放特征，划定中国臭氧污染联防联控分区，构建有效的臭氧污染联防联控机制；制定各个区域不同阶段的质量目标和污染长期控制战略，开展臭氧污染的分区管控。

　　尽快出台与臭氧污染防治相关的标准和规范性技术文件。制定光化学反应重要前体物统一监测的技术规范、VOCs 来源解析技术规范、VOCs 行业排放标准、VOCs 治理技术指南，颁布 $NO_x$ 和 VOCs 的管控要求，制定臭氧污染防治效果评估技术规范,尽快发布《环境空气臭氧污染来源解析技术指南》。

加强 VOCs 控制技术的指导与监管。除出台相关的治理技术指南之外,应加强政府对各类 VOCs 控制技术的引导,同时加强 VOCs 控制技术使用的监管,提升国家层面的 VOCs 控制技术和治理工程的审核评估水平,形成行业级别的 VOCs 治理技术规范和监管体系,提升我国涉及 VOCs 行业的治理水平。

（2）加强臭氧污染防治基础能力建设

构建并完善系统科学覆盖全面的大气光化学立体监测网。研究建立多要素(气象、化学、垂直分布)、多点位（城市站、背景站）的大气光化学观测网络,上收 NO 监测数据。在城市和背景站开展大气光化学关键物种,包括甲醛、过氧化氢、气态硝酸、$NO_y$、自由基等的观测,推进臭氧及其前体物垂直分布等观测;在臭氧监测站点布设与开展紫外辐射观测。

持续改进和更新精细化臭氧污染前体物排放清单。通过实测获得各类污染源排放因子,科学测算不同类型大气污染源臭氧前体物排放量,建立覆盖面广、物种齐全、精确度高的国家、区域、城市三级臭氧前体物源动态化排放清单数据库,构建并定期更新国家层次的重点行业 VOCs 源成分谱库。

建立臭氧污染预报预警平台及应急预案。加强臭氧污染预报预警能力建设,建立并完善国家层面、区域层面、城市层面的臭氧协同预报预警体系,编制臭氧污染应急响应预案,建立各地区和部门通力合作的臭氧重污染应急联动响应机制。

（3）高度重视臭氧污染防治的科学指导

开展重点城市/区域臭氧污染成因与来源解析。加强臭氧污染防治科研成果总结与凝炼,促进科研成果的落地转化与应用,指导城市和区域开展臭氧污染成因分析与来源解析工作,定期开展臭氧污染防治效果跟踪评估研究,及时调整臭氧污染防治策略,不断提高臭氧污染防治的科学性和精准性。

深入开展臭氧污染形成机制与影响因素的研究,加强 $PM_{2.5}$ 与臭氧协同控制策略研究。强化典型地区臭氧污染的二次形成过程与机理研究,开展重点城市群臭氧污染的多参数同步长期观测和物理化学过程研究,系统探究臭氧的时空分布情况、主控因子、影响因素,准确定量不同空间尺度上的臭氧污染形成机制,确定关键 VOCs 活性物种。

加强天然源 VOCs 排放特征研究,强化臭氧区域背景浓度研究。采取多种手段准确评估天然源排放量及其关键影响因素和变化规律，系统开展重点地区臭氧背景浓度和变化趋势研究，评估背景浓度对臭氧质量浓度考核点全面达标的影响。

发展适于中国的空气质量模式和来源解析方法。加强气象模式与区域空气质量模式的融合，引入人工智能和深度学习等技术，提升区域空气质量模型对臭氧污染的预测预报能力；开展观测和模式验证改进研究，完善空气质量模式输入参数的本地化，建立可信的源—受体关系，优化模式不确定性分析方法；在此基础上发展适于中国的臭氧生成敏感性分析技术和来源解析技术体系。

（4）开展区域和城市差异化、精细化臭氧污染防控

持续提升城市和区域臭氧污染成因研究和监测预报能力。本地化臭氧污染成因研究是指导我国城市和区域臭氧污染防治的重要基础，不同城市和区域的臭氧污染成因和来源存在明显的差异，需要通过持续开展深入的科学研究，强化监测预警、排放清单、模拟评估等能力建设，才能逐步明确城市和区域的 $PM_{2.5}$ 和臭氧污染协同控制路径。

强化区域协作和联动制度。与 $PM_{2.5}$ 相比，臭氧的区域性污染特征更强，城市间和区域间的相互影响更为显著。打破区域壁垒，在国家、区域和城市不同层面建立起强有力的联防联控工作机制，是解决我国臭氧污染问题的必要手段，也是推动城市和区域臭氧污染防治的根本保障。

坚持以城市为主体的精细化治理。城市是大气污染防治的主体，前期研究表明，我国典型区域不同城市在能源产业交通结构、臭氧污染生成机制、前体物排放来源及协同防控路径等方面均不尽相同。在国家和区域统一的管理框架下，如何根据各城市重点行业和特色领域，建立精细化的减排措施和政策组合，深入挖掘自身减排潜力，是解决臭氧污染防治"最后一公里"问题、确保臭氧污染防治成效的重要举措。

健全完善标准规范和政策体系。完善的标准规范和政策体系是推进臭氧前体物尤其是 VOCs 精细化治理的重要保障。各城市应在国家要求基础上梳理各自行业特点和治理难点，从法律法规、地方性标准规范、治理模式、监测监管、政策激励、技术支持、宣传引导等多个方面入手，健全完善相关政策和标准规范体系，充分调动企业自主减排积极性，形成政企协商、社会共治的现代化治理体系。

实施重点时段臭氧污染防治攻坚。前期研究表明，各城市臭氧污染的时段相

对集中，临界超标现象较为普遍。近些年的重大活动空气质量保障和短期削峰等
实践经验发现，在科学精准预报的基础上，通过实施前体物短期减排可以从一定
程度上减少臭氧轻度污染，从而提高环境空气质量优良率。因此，建议在着力提
升臭氧污染科学监测和预测预报能力的基础上，聚焦臭氧污染重点时段，研究将
臭氧污染天气的应急管控纳入各城市重污染天气应急管理体系，通过应急减排和
调整生产作业时段等措施，实施有目标、有计划的前体物减排，最大限度地减少
重点时段臭氧高污染过程影响。

# 参 考 文 献

柏仇勇，李健军. 2017. 环境监测预警在重污染天气应对中的作用与启示[J]. 环境保护，45（8）：45-48.

鲍捷萌，曹娟，高锐，等. 2021. 欧洲环境空气臭氧污染防治历程、经验及对我国的启示[J]. 环境科学研究，34（4）：890-901.

卞雅慧，范小莉，李成，等. 2018. 广东省非道路移动机械排放清单及不确定性研究[J]. 环境科学学报，38（6）：2167-2178.

房小怡，蒋维楣，吴涧，等. 2004. 城市空气质量数值预报模式系统及其应用[J]. 环境科学学报，24（1）：111-115.

郭世昌，常有礼，张利娜. 2007. 北半球中纬度地区大气臭氧的年际和年代际变化研究[J]. 大气科学，（3）：418-424.

贾诗卉，徐晓斌，林伟立，等. 2015. 华北平原夜间对流天气对地面 $O_3$ 混合比抬升效应[J]. 应用气象学报，26（3）：280-290.

蒋美青，陆克定，苏榕，等. 2018. 我国典型城市群臭氧形成机制和关键 VOCs 的反应活性分析 [J]. 科学通报，63（12）：1130-1141.

贺克斌，王书肖，张强. 2015. 城市大气污染物排放清单编制技术手册[R]. 北京：清华大学.

李金龙，张其苏，唐孝炎，等. 1988. 兰州西固地区光化学烟雾污染气质模式[J]. 环境科学学报，8（3）：125-2130.

李媛媛，黄新皓. 2018. 美国臭氧污染控制经验及其对中国的启示[J]. 世界环境，2（1）：24-27.

郦建国，朱法华，孙雪丽. 2018. 烟气治理技术发展应用及减排效果[J]. 中国电力，51（6）：1-9.

刘建，吴兑，范绍佳，等. 2017. 前体物与气象因子对珠江三角洲臭氧污染的影响[J]. 中国环境科学，37（3）：813-820.

刘强，李杉，李颖，等. 2020. 大气环境质量底线中的污染传输影响分析：以四川省典型城市为例[J]. 环境影响评价，42（2）：51-56.

邱婉怡，刘禹含，谭照峰，等. 2020. 基于中国四大城市群计算的最大增量反应活性[J]. 科学通报，65（7）：610-621.

沈劲，陈皓，钟流举. 2015. 珠三角秋季臭氧污染来源解析[J]. 环境污染与防治，37（1）：25-30.

孙雷. 2019. 华北地区近地面臭氧长期变化特征及影响因素研究[D]. 济南：山东大学.

唐孝炎，张远航，邵敏. 2006. 大气环境化学[M]. 北京：高等教育出版社.

王宁，宓淼，臧宏宽，等. 2016. 日本臭氧污染防治经验及对我国的启示[J]. 环境保护，44（16）：

69-72.

王书肖, 邱雄辉, 张强, 等. 2017. 我国人为源大气污染物排放清单编制技术进展及展望[J]. 环境保护, 45 (21): 21-26.

王晓彦, 刘冰, 丁俊男, 等. 2019. 环境空气质量预报业务体系建设要点探讨[J]. 环境与可持续发展, 44 (1): 103-105.

王雪松. 2002. 区域大气中臭氧和二次气溶胶的数值模拟研究[D]. 北京: 北京大学.

王占山, 车飞, 任春, 等. 2013. 美国环境空气质量标准制修订历程[J]. 环境工程技术学报, 3 (3): 240-246.

王自发, 李丽娜, 吴其重, 等. 2008. 区域输送对北京夏季臭氧浓度影响的数值模拟研究[J]. 自然杂志, 2008 (4): 194-198.

魏巍贤, 王月红. 2017. 跨界大气污染治理体系和政策措施: 欧洲经验及对中国的启示[J]. 中国人口·资源与环境, 27 (9): 6-14.

解淑艳, 王军霞, 王帅, 等. 2013. 探析如何完善国家大气背景监测站建设[J]. 环境保护, 41 (23): 51-52.

薛志钢, 杜谨宏, 任岩军, 等. 2019. 我国大气污染源排放清单发展历程和对策建议[J]. 环境科学研究, 32 (10): 1678-1686.

杨昆, 黄一彦, 石峰, 等. 2018. 美日臭氧污染问题及治理经验借鉴研究[J]. 中国环境管理, 10 (2): 85-90.

余国泰. 1997. 中国城市生活垃圾中甲烷排放清单编制的初步研究[J]. 环境工程学报, (S1): 9.

张博. 2006. 欧盟污染防治法研究[D]. 哈尔滨: 东北林业大学.

郑军. 2017. 欧洲跨地区大气污染防治合作长效机制对我国的启示[J]. 环境保护, 45 (5): 75-77.

郑君瑜, 王水胜, 黄志炯. 2014. 区域高分辨率大气排放源清单建立的技术方法与应用[M]. 北京: 科学出版社.

郑永光, 陈炯, 陈尊裕, 等. 2008. 中国南部对流层中上层臭氧增加的气象场判识及臭氧变化的多尺度特征[J]. 地球物理学报, 51 (3): 668-681.

中国环境保护产业协会脱硫脱硝委员会. (2020-01-08) [2020-05-06]. 2019 年环保产业发展评述和 2020 年展望[Z/OL]. http://www.caepi.org.cn/epasp/website/webgl/webglController/view?xh=15819069712410670888384.

中国环境报. (2012-03-01) [2020-05-09]. 温家宝主持召开国务院常务会议同意发布新修订的《环境空气质量标准》部署加强大气污染综合防治重点工作[N/OL]. http://www.mee.gov.cn/ywdt/hjnews/201203/t20120301_224062.shtml.

中国环境报. (2018-07-04) [2020-05-10]. 国务院印发《打赢蓝天保卫战三年行动计划》[N/OL]. http://49.5.6.212/html/2018-07/04/content_74104.htm.

中国环境监测总站. (2017-04-01) [2020-05-19]. 国家大气颗粒物组分及光化学监测网工作会议顺利召开[N/OL]. http://www.cnemc.cn/zzjj/jgsz/fxs/gzdt_fxs/201704/t20170401_646078.shtml.

中国环境科学研究院. (2019-05-12) [2020-05-14]. 非道路移动机械控制管理政策体系研究报告
　　[R/OL]. https: //www.efchina.org/Reports-zh/report-ctp-20190512-3-zh.

中国民用航空总局. (2002-03-20) [2020-05-09]. 涡轮发动机飞机燃油排泄和排气排出物规定：
　　中国民用航空总局令〔2002〕108 号[A].

中华人民共和国工业和信息化部. (2016-07-08) [2020-05-19]. 工业和信息化部财政部关于印发
　　重点行业挥发性有机物削减行动计划的通知：工信部联节〔2016〕217 号[A/OL].
　　http: //www.miit.gov.cn/n1146295/n1652858/n1652930/n3757016/c5137974/content. html.

中华人民共和国国务院. (2011-12-15) [2020-05-19]. 国务院关于印发国家环境保护"十二五"
　　规划的通知：国发〔2011〕42 号[A/OL]. http: //www.gov.cn/zwgk/2011-12/20/content_ 2024895.
　　htm.

中华人民共和国国务院. (2013-09-10) [2020-05-10]. 国务院关于印发大气污染防治行动计划的
　　通知：国发〔2013〕37 号[A/OL]. http: //www.mee.gov.cn/zcwj/gwywj/201811/t20181129_
　　676555. shtml.

中华人民共和国国务院. (2016-11-24) [2020-05-19]. 国务院关于印发"十三五"生态环境保护
　　规划的通知：国发〔2016〕65 号[A/OL]. http: //www.gov.cn/zhengce/content/2016-12/05/
　　content_ 5143290. htm.

中华人民共和国国务院. (2017-01-05) [2020-05-10]. 国务院关于印发"十三五"节能减排综合
　　工作方案的通知：国发〔2016〕74 号[EB/OL]. http: //www.gov.cn/zhengce/content/2017-01-05/
　　content_5156789. htm.

中华人民共和国国务院. (2018-07-03) [2020-05-10]. 国务院关于印发打赢蓝天保卫战三年行动
　　计划的通知：国发〔2018〕22 号[EB/OL]. http: //www.gov.cn/zhengce/content/2018-07-03/
　　content_5303158. htm.

中华人民共和国国务院办公厅. (2010-05-11) [2020-05-19]. 国务院办公厅转发环境保护部等部
　　门关于推进大气污染联防联控工作改善区域空气质量指导意见的通知：国办发〔2010〕33
　　号[A/OL]. http: //www.mee.gov.cn/zcwj/gwywj/201811/t20181129_676488. shtml.

中华人民共和国环境保护部. (2007-04-03) [2020-05-10]. 非道路移动机械用柴油机排气污染物排
　　放限值及测量方法（中国Ⅰ、Ⅱ阶段）：GB 20891—2007[S/OL]. 北京：中国环境科学出版社.
　　http: //www.mee.gov.cn/ywgz/fgbz/bz/bzwb/dqhjbh/dqydywrwpfbz/200704/t20070416_102751.
　　shtml.

中华人民共和国环境保护部. (2012-10-29) [2020-05-19]. 关于印发《重点区域大气污染防治"十
　　二五"规划》的通知：国函〔2012〕146 号[A/OL]. http: //dqhj.mee.gov.cn/zcfg/201212/
　　t20121205_343565. shtml.

中华人民共和国环境保护部. (2013-03-29) [2020-05-19]. 关于发布《吸附法工业有机废气治理
　　工程技术规范》等五项国家环境保护标准的公告：公告 2013 年第 18 号[EB/OL].
　　http: //www.mee.gov.cn/gkml/hbb/bgg/201304/t20130403_250336. htm.

中华人民共和国环境保护部. (2013-05-24) [2020-05-19]. 挥发性有机物（VOCs）污染防治技术政策：环大气〔2013〕31 号[EB/OL]. http: //www.mee.gov.cn/ywgz/fgbz/bz/bzwb/wrfzjszc/201306/t20130603_253125. shtml.

中华人民共和国环境保护部. (2013-09-22) [2020-05-17]. 环境空气质量评价技术规范（试行）：HJ 663—2013[S/OL]. 北京：中国环境科学出版社. http: //www.mee.gov.cn/ywgz/fgbz/bz/bzwb/jcffbz/201309/t20130925_260809. shtml.

中华人民共和国环境保护部. (2014-05-16) [2020-05-08]. 非道路移动机械用柴油机排气污染物排放限值及测量方法（中国三、四阶段）：GB 20891—2014[S/OL]. 北京：中国环境科学出版社. http: //www.mee.gov.cn/ywgz/fgbz/bz/bzwb/dqhjbh/dqydywrwpfbz/201405/t20140530_276305. shtml.

中华人民共和国环境保护部. (2014-08-19) [2020-05-18]. 关于发布《大气细颗粒物一次源排放清单编制技术指南（试行）》等 4 项技术指南的公告：公告 2014 年第 55 号[EB/OL]. http: //www.mee.gov.cn/gkml/hbb/bgg/201408/t20140828_288364. htm.

中华人民共和国环境保护部. (2014-12-31) [2020-05-17]. 关于发布《大气可吸入颗粒物一次源排放清单编制技术指南（试行）》等 5 项技术指南的公告：公告 2014 年第 92 号[EB/OL]. http: //www.mee.gov.cn/gkml/hbb/bgg/201501/t20150107_293955. htm.

中华人民共和国环境保护部. (2017-12-16) [2020-05-17]. 关于印发《2018 年重点地区环境空气挥发性有机物监测方案》的通知：环办监测函〔2017〕2024 号[EB/OL]. https: //wenku.baidu.com/view/6f0abbc74bfe04a1b0717fd5360cba1aa8118c23. htm.

中华人民共和国环境保护部. 国家发展和改革委员会，财政部，交通运输部. 国家质量监督检验检疫总局，国家能源局，(2017-09-14) [2020-05-18]. 关于印发《"十三五"挥发性有机物污染防治工作方案》的通知：环大气〔2017〕121 号[EB/OL]. http: //www.mee.gov.cn/gkml/hbb/bwj/201709/t20170919_421835. htm.

中华人民共和国环境保护部. 国家发展和改革委员会，国家能源局. (2015-11-12) [2020-05-10]. 关于印发《全面实施燃煤电厂超低排放和节能改造工作方案》的通知：环发〔2015〕164 号[EB/OL]. http: //www.mee.gov.cn/gkml/hbb/bwj/201512/t20151215_319170. htm.

中华人民共和国环境保护部办公厅. (2016-01-19) [2020-05-10]. 关于挥发性有机物排污收费试点有关具体工作的通知：环办环监函〔2016〕113 号[A/OL]. http: //www.mee.gov.cn/gkml/hbb/bgth/201601/t20160125_326889. htm.

中华人民共和国环境保护部办公厅. (2017-10-17) [2020-05-19]. 关于印发《环境空气臭氧一级校准作业指导书（试行）》等 4 项作业指导书的通知：环办监测函〔2017〕1582 号[EB/OL]. http: //www.mee.gov.cn/gkml/hbb/bgth/201710/t20171027_424171. htm.

中华人民共和国环境保护部办公厅. (2017-10-26) [2020-05-10]. 关于印发《环境空气自动监测臭氧标准传递工作实施方案（试行）》的通知：环办监测函〔2017〕1620 号[EB/OL]. http: //www.mee.gov.cn/gkml/hbb/bgth/201711/t20171102_424979. htm.

中华人民共和国环境保护部华南环境科学研究所. 2015. 工业锅炉 NO$_x$ 控制技术指南（试行）：粤环〔2015〕70 号[A].

中华人民共和国生态环境部. （2018-06-19）[2020-05-17]. 关于征求《打赢蓝天保卫战、推进臭氧污染防治工作指导意见（征求意见稿）》意见的通知：环办大气函〔2018〕362 号[EB/OL]. http: //www.nmg.gov.cn/art/2018/8/2/art_1570_211196. html.

中华人民共和国生态环境部. （2018-07-03）[2020-05-19]. 关于征求《环境空气臭氧污染来源解析技术指南（试行）（征求意见稿）》意见的函：环办科技函〔2018〕594 号[EB/OL]. http: //www.mee.gov.cn/xxgk2018/xxgk/xxgk06/201807/t20180706_629781. html.

中华人民共和国生态环境部. （2018-08-21）[2020-05-09]. 关于发布《非道路移动机械污染防治技术政策》的公告：环办大气函〔2018〕34 号[EB/OL]. http: //www.mee.gov.cn/gkml/ sthjbgw/ sthjbgg/201808/t20180828_454314. htm.

中华人民共和国生态环境部. （2019-05-24）[2020-05-19]. 挥发性有机物无组织排放控制标准：GB 37822—2019 [S/OL]. 北京：中国环境出版集团. http: //www.mee.gov.cn/ywgz/fgbz/ bz/ bzwb/dqhjbh/dqgdwrywrwpfbz/201906/t20190606_705905. shtml.

中华人民共和国生态环境部. （2020-06-24）[2020-12-20]. 2020 年挥发性有机物治理攻坚方案，关于印发《2020 年挥发性有机物治理攻坚方案》的通知：环大气〔2020〕33 号. [EB/OL]http: //www. mee.gov.cn/xxgk2018/xxgk/xxgk03/202006/t20200624_785827.html.

中华人民共和国生态环境部. 国家发展和改革委员会，工业和信息化部，财政部，交通运输部. （2019-04-28）[2020-05-09]. 关于推进实施钢铁行业超低排放的意见：环大气〔2019〕35 号[A/OL]. http: //www.mee.gov.cn/xxgk2018/xxgk/xxgk03/201904/t20190429_701463. html.

中华人民共和国生态环境部办公厅. （2020-05-18）[2020-05-19]. 关于征求《2020 年挥发性有机物治理攻坚方案（征求意见稿）》意见的函：环办便函〔2020〕141 号[A/OL]. http: //www. mee.gov.cn/xxgk2018/xxgk/xxgk06/202005/t20200518_779683. html.

中华人民共和国中央人民政府. （2016-03-17）[2020-05-19]. 中华人民共和国国民经济和社会发展第十三个五年规划纲要[EB/OL]. http: //www.gov.cn/xinwen/2016-03/17/content_ 5054992. htm.

中信建设证券. （2017-09-20）[2020-05-07]. "洞察工业环保投资机会"系列报告之一：钢铁行业篇[R/OL]. https: //max.book118.com/html/2017/1011/136783916. shtm.

ATKINSON R，AREY J. 2004. Atmospheric degradation of volatile organic compounds[J]. Chemical Reviews，103：4605-4638.

AVNERY S，MAUZERALL D L，LIU J，et al. 2011. Global crop yield reductions due to surface ozone exposure：1. Year 2000 crop production losses and economic damage[J]. Atmospheric Environment，45（13）：2284-2296.

BENAS N，MOURTZANOU E，KOUVARAKIS G，et al. 2013. Surface ozone photolysis rate trends in the Eastern Mediterranean：Modeling the effects of aerosols and total column ozone based on

Terra MODIS data[J]. Atmospheric Environment, 74: 1-9.

CANELLA R, ROBERTA B, CAVICCHIO C, et al. 2016. Tropospheric ozone effects on chlorine current in lung epithelial cells: An electrophysiological approach[J]. Free Radical Biology and Medicine, 96: S58-59.

CARTER W P L. 2008. Reactivity estimates for selected comsumer product compounds[R].

CARTER W. 1994. Development of ozone reactivity scales for volatile organic compounds[J]. Journal of the Air and Waste Management Association, 44: 881-899.

CARTER W. 1996. Computer modelling of environmental chamber measurements of maximum incremental reactivities of volatile organic compounds[J]. Atmospheric Environment, 29: 2513-2527.

CARTER W. 2000. Documentation of the SAPRC-99 chemical mechanism for VOC reactivity assessment[R].

CASTRO T, MADRONICH S, RIVALE S, et al. 2001. The influence of aerosols on photochemical smog in Mexico City[J]. Atmospheric Environment, 35 (10): 1765-1772.

CHAMEIDES W L, DEMERJIAN K, ALBRITTON D, et al. 2000. An assessment of tropospheric ozone pollution: A North American perspective[R].

CHAMEIDES W L, FEHSENFELD F, RODGERS M O, et al. 1992. Ozone precursor relationships in the ambient atmosphere[J]. Journal of Geophysical Research: Atmospheres, 97 (D5): 6037-6055.

CHANG Z, WANG C, ZHANG G. 2020. Progress in degradation of volatile organic compounds based on low‐temperature plasma technology[J]. Plasma Processes and Polymers, 17 (4): 1900131.

CHEN X, ZHONG B, HUANG F, et al. 2019. The role of natural factors in constraining long-term tropospheric ozone trends over Southern China[J]. Atmospheric Environment, 220: 117060.

CHEN Z, LI R, CHEN D, et al. 2020. Understanding the causal influence of major meteorological factors on ground ozone concentrations across China[J]. Journal of Cleaner Production, 242: 118498.

DICKERSON R R, KONDRAGUNTA S, STENCHIKOV G, et al. 1997. The impact of aerosols on solar ultraviolet radiation and photochemical smog[J]. Science, 278 (5339): 827-830.

DING A, WANG T, 2006. Influence of stratosphere-to-troposphere exchange on the seasonal cycle of surface ozone at Mount Waliguan in Western China[J]. Geophysical Research Letters, 33 (3), L03803.

DING A, WANG T, THOURET V, et al. 2008. Tropospheric ozone climatology over Beijing: Analysis of aircraft data from the MOZAIC program[J]. Atmospheric Chemistry and Physics, 8 (1): 1-13.

DING A，WANG T，ZHAO M，et al. 2004. Simulation of sea-land breezes and a discussion of their implications on the transport of air pollution during a multi-day ozone episode in the Pearl River Delta of China[J]. Atmospheric Environment，38（39）：6737-6750.

ENVIRON. 2006. User's guide to the Comprehensive Air Quality Model with Extensions（CAMx）Version 4. 40[R]. ENVIRON International Corporation.

FENG Z，HU E，WANG X，JIANG L，et al. 2015. Ground-level $O_3$ pollution and its impacts on food crops in China：A review[J]. Environmental Pollution，199：42-48.

FU J，DONG X，GAO Y，et al. 2012. Sensitivity and linearity analysis of ozone in East Asia：The effects of domestic emission and intercontinental transport[J]. Journal of the Air and Waste Management Association（1995），62：1102-1114.

FU Y，LIAO H，YANG Y. 2019. Interannual and decadal changes in tropospheric ozone in China and the associated chemistry-climate interactions：A review[J]. Advances in Atmospheric Sciences，36：975-993.

GAO D，XIE M，CHEN X，et al. 2019. Modeling the effects of climate change on surface ozone during summer in the Yangtze River Delta region，China[J]. International Journal of Environmental Research and Public Health，16：1528.

GAO J H，BIN Z，XIAO H，et al. 2016. A case study of surface ozone source apportionment during a high concentration episode，under frequent shifting wind conditions over the Yangtze River Delta，China[J]. Science of the Total Environment，544：853-863.

GOUGET H，CAMMAS J P，MARENCO A，et al. 1996. Ozone peaks associated with a subtropical tropopause fold and with the trade wind inversion：A case study from the airborne campaign TROPOZ Ⅱ over the Caribbean in winter[J]. Journal of Geophysical Research，101：25979.

HAAGEN-SMIT A J. 1952. Chemistry and physiology of Los-Angeles smog[J]. Industrial and Engineering Chemistry，44（6）：1342-1346.

HAN L，ZHU L，WANG S，et al. 2018. Modeling study of impacts on surface ozone of regional transport and emissions reductions over North China Plain in summer 2015[J]. Atmospheric Chemistry and Physics，18：12207-12221.

HE J，GONG S，YU Y，et al. 2017. Air pollution characteristics and their relation to meteorological conditions during 2014-2015 in major Chinese cities[J]. Environmental pollution，223：484-496.

HU J，LI Y，ZHAO T，et al. 2018. An important mechanism of regional $O_3$ transport for summer smog over the Yangtze River Delta in eastern China[J]. Atmospheric Chemistry and Physics，18：16239-16251.

HU X M，DOUGHTY D C，SANCHEZ K J，et al. 2012. Ozone variability in the atmospheric boundary layer in Maryland and its implications for vertical transport model[J]. Atmospheric Environment，46：354-364.

HUANG C，CHEN C，LI L，et al. 2011. Emission inventory of anthropogenic air pollutants and VOC species in the Yangtze River Delta region，China[J]. Atmospheric Chemistry and Physics，11（9）：4105-4120.

HUANG X，DING A，GAO J，et al. 2021. Enhanced secondary pollution offset reduction of primary emissions during COVID-19 lockdown in China[J]. National Science Review，nwaa137.

JACOB D，WINNER D. 2009. Effect of climate change on air quality[J]. Atmospheric Environment，43（1）：51-63.

JAMES R H，PETER H H，MICHEAL E M，et al. 1995. Stratosphere troposphere exchange[J]. Reviews of Geophysics，33：403-439.

JI X L，JIANG D H，FEI SM，et al. 1993. Road dust emission inventory for the metropolitan area of Shanghai city[J]. Atmospheric Environment. Part A. General Topics，27(11)：1735-1741.

JIA M，ZHAO T，CHENG X，et al. 2017. Inverse relations of $PM_{2.5}$ and $O_3$ in air compound pollution between cold and hot seasons over an urban area of East China[J]. Atmosphere，8：59.

JIANG Y C，ZHAO T L，LIU J，et al. 2015. Why does surface ozone peak before a typhoon landing in Southeast China[J]? Atmospheric Chemistry and Physics，15（23）：13331-13338.

JIN X，HOLLOWAY T. 2015. Spatial and temporal variability of ozone sensitivity over China observed from the Ozone Monitoring Instrument[J]. Journal of Geophysical Research：Atmospheres，120（14）：7229-7246.

KRUPA S，McGRATH MT，ANDERSEN CP，et al. 2001. Ambient ozone and plant health[J]. Plant Disease，85（1）：4-12.

LAI L，CHENG W 2009. Air quality influenced by urban heat island coupled with synoptic weather patterns[J]. Science of the Total Environment，407（8）：2724-2733.

LEVY H. 1971. Normal atmosphere：Large radical and formaldehyde concentrations predicted[J]. Science，173（3992）：141-143.

LI H，LI L，HUANG C，et al. 2015. Ozone source apportionment at urban area during a typical photochemical pollution episode in the summer of 2013 in the Yangtze River Delta[J]. Environmental Science，36：1-10.

LI J，LU K，LV W，et al. 2014. Fast increasing of surface ozone concentrations in Pearl River Delta characterized by a regional air quality monitoring network during 2006-2011[J]. Journal of Environmental Sciences，26（1）：23-36.

LI J，WANG Z，AKIMOTO H，et al. 2007. Modeling study of ozone seasonal cycle in lower troposphere over east Asia[J]. Journal of Geophysical Research Atmospheres，112（D22）.

LI J，WANG Z，AKIMOTO H，et al. 2008. Near-ground ozone source attributions and outflow in central eastern China during MTX2006[J]. Atmospheric Chemistry and Physics，8（24）：7335-7351.

LI J，YANG W Y，WANG Z F，et al. 2016. Modeling study of surface ozone source-receptor relationships in East Asia[J]. Atmospheric Research，167：77-88.

LI K，JACOB D，LIAO H，et al. 2019. Anthropogenic drivers of 2013-2017 trends in summer surface ozone in China[J]. Proceedings of the National Academy of Sciences，116（2）：422-427.

LI L，CHEN Y，XIE S. 2013. Spatio-temporal variation of biogenic volatile organic compounds emissions in China[J]. Environmental pollution，182：157-168.

LI M，HUANG X，LI J，et al. 2012a. Estimation of biogenic volatile organic compound（BVOC）emissions from the terrestrial ecosystem in China using real-time remote sensing data[J]. Atmospheric Chemistry and Physics，12：6551-6592.

LI M，LIU H，GENG G，et al.，2017. Anthropogenic emission inventories in China：A review[J]. National Science Review，4（6）：834-866.

LI M，ZHANG Q，ZHENG B，et al. 2019. Persistent growth of anthropogenic non-methane volatile organic compound（NMVOC）emissions in China during 1990-2017：Drivers，speciation and ozone formation potential[J]. Atmospheric Chemistry and Physics，19（13）：8897-8913.

LI Y，LAU A，FUNG J，et al. 2012. Ozone source apportionment（OSAT）to differentiate local regional and super-regional source contributions in the Pearl River Delta region，China[J]. Journal of Geophysical Research（Atmospheres），117：15305.

LIU F，ZHANG Q，TONG D，et al. 2015. High-resolution inventory of technologies，activities，and emissions of coal-fired power plants in China from 1990 to 2010[J]. Atmospheric Chemistry and Physics，15（23）：13299-13317.

LIU N，LIN W，XU X，et al. 2018. Seasonal variation in surface ozone and its regional characteristics at global atmosphere watch stations in China[J]. Journal of Environmental Sciences，77：291-302.

LIU Q，LAM K，JIANG F，et al. 2013. A numerical study of the impact of climate and emission changes on surface ozone over South China in autumn time in 2000-2050[J]. Atmospheric Environment，76：227-237.

LIU Y，LI L，AN J，et al. 2018. Estimation of biogenic VOC emissions and its impact on ozone formation over the Yangtze River Delta region，China[J]. Atmospheric Environment，186：113-128.

LIU Y，WANG H，JING S，et al. 2019. Characteristics and sources of volatile organic compounds（VOCs）in Shanghai during summer：Implications of regional transport[J]. Atmospheric Environment，215：116902.

LIU Y，WANG T. 2020a. Worsening urban ozone pollution in China from 2013 to 2017 - Part 1：The complex and varying roles of meteorology[J]. Atmospheric Chemistry and Physics，20（11）：6305-6321.

LIU Y，WANG T. 2020b. Worsening urban ozone pollution in China from 2013 to 2017 - Part 2: The effects of emission changes and implications for multi-pollutant control[J]. Atmospheric Chemistry and Physics，20（11）：6323-6337.

LU K D，FUCHS H，HOFZUMAHAUS A，et al. 2019a. Fast photochemistry in wintertime haze: Consequences for pollution mitigation strategies[J]. Environmental Science and Technology，53（18）：10676-10684.

LU K D，GUO S，TAN Z F，et al. 2019b. Exploring atmospheric free-radical chemistry in China: The self-cleansing capacity and the formation of secondary air pollution[J]. National Science Review，6（3）：579-594.

LU K D，HOFZUMAHAUS A，HOLLAND F，et al. 2013. Missing OH source in a suburban environment near Beijing: Observed and modelled OH and $HO_2$ concentrations in summer 2006[J]. Atmospheric Chemistry and Physics，13（2）：1057-1080.

LU K D，ROHRER F，HOLLAND F，et al. 2012. Observation and modelling of OH and $HO_2$ concentrations in the Pearl River Delta 2006: A missing OH source in a VOC rich atmosphere[J]. Atmospheric Chemistry and Physics，12（3）：1541-1569.

LU K D，ROHRER F，HOLLAND F，et al. 2014. Nighttime observation and chemistry of $HO_x$ in the Pearl River Delta and Beijing in summer 2006[J]. Atmospheric Chemistry and Physics，14（10）：4979-4999.

LU K，ZHANG Y，SU H，et al. 2010. Oxidant（$O_3$ + $NO_2$）production processes and formation regimes in Beijing [J]. Journal of Geophysical Research，115（D07303）：1-18.

LU X，HONG J，Zhang，L，et al. 2018. Severe surface ozone pollution in China: A global perspective[J]. Environmental Science and Technology Letters，5：487-494.

LYU X P，GUO H，SIMPSON I J，et al. 2016. Effectiveness of replacing catalytic converters in LPG-fueled vehicles in Hong Kong[J]. Atmospheric Chemistry and Physics，16（10）：6609-6626.

LYU X P，ZENG L W，GUO H，et al. 2017. Evaluation of the effectiveness of air pollution control measure in Hong Kong[J]. Environmental Pollution，220：87-94.

MAO H，ZHANG K，DI B F. 2016. Studies on estimates of biogenic VOC emission and its temporal and spatial distribution in Sichuan[J]. China Environmental Science，36（5）：1289-1296.

MELEUX F，SOLMON F，GIORGI F. 2007. Increase in summer European ozone amounts due to climate change[J]. Atmospheric Environment，41（35）：7577-7587.

MOGHANIA M，ARCHERA C，MIRZAKHALILIB A. 2018. The importance of transport to ozone pollution in the U. S. Mid-Atlantic[J]. Atmospheric Environment，191：420-431.

NI R，LIN J，YAN Y，et al. 2018. Foreign and domestic contributions to springtime ozone over China[J]. Atmospheric Chemistry and Physics，18：11447-11469.

PENG Y P，CHEN K S，WANG H K，et al. 2011. *In situ* measurements of hydrogen peroxide，nitric acid and reactive nitrogen to assess the ozone sensitivity in Pingtung County，Taiwan[J]. Aerosol and Air Quality Research，11（1）：59-69.

RIDER C F，CARLSTEN C. 2019. Air pollution and DNA methylation：Effects of exposure in humans[J]. Clinical Epigenetics，11：131.

SANDERSON M，JONES C，COLLINS W，et al. 2003. Effect of climate change on isoprene emissions and surface ozone levels[J]. Geophysical Research Letters，30（18）：1936.

SHAO M，TANG X，ZHANG Y，et al. 2006. City clusters in China：Air and surface water pollution[J]. Frontiers in Ecology and the Environment，4（7）：353-361.

SHI X，BRASSEUR G. 2020. The response in air quality to the reduction of Chinese economic activities during the COVID-19 outbreak[J]. Geophysical Research Letters，47（11）.

SHU L，XIE M，WANG T，et al. 2016. Integrated studies of a regional ozone pollution synthetically affected by subtropical high and typhoon system in the Yangtze River Delta region，China[J]. Atmospheric Chemistry and Physics，16：15801-15819.

SILLMAN S. 1999. The relation between Ozone，$NO_x$ and hydrocarbons in urban and polluted rural environments[J]. Atmospheric Environment，33：1821-1845.

SILVA R A，WEST J J，ZHANG Y，et al. 2013. Global premature mortality due to anthropogenic outdoor air pollution and the contribution of past climate change[J]. Environmental Research Letters，8（3）：1-11.

SONG M D，LIU X G，ZHANG Y H，et al. 2019. Sources and abatement mechanisms of VOCs in southern China[J]. Atmospheric Environment，201：28-40.

STREETS D G，FU J S，JANG C J，et al. 2007. Air quality during the 2008 Beijing Olympic Games[J]. Atmospheric Environment，41（3）：480-492.

SUN L，XUE L，WANG Y，et al. 2019. Impacts of meteorology and emissions on summertime surface ozone increases over central eastern China between 2003 and 2015[J]. Atmospheric Chemistry and Physics，19：1455-1469.

TAN Z F，FUCHS H，LU K D，et al. 2017. Radical chemistry at a rural site（Wangdu）in the North China Plain：Observation and model calculations of OH，$HO_2$ and $RO_2$ radicals[J]. Atmospheric Chemistry and Physics，17（1）：663-690.

TAN Z F，HOFZUMAHAUS A，LU K D，et al. 2020. No evidence for a significant impact of heterogeneous chemistry on radical concentrations in the North China Plain in summer 2014[J]. Environmental Science and Technology，54（10）：973-5979.

TAN Z F，ROHRER F，LU K D，et al. 2018. Wintertime photochemistry in Beijing：observations of $RO_x$ radical concentrations in the North China Plain during the BEST-ONE campaign[J]. Atmospheric Chemistry and Physics，18（16）：12391-12411.

US EPA.（2014-08-01）[2020-05-06]. Health risk and exposure assessment for ozone（Final Report）：

EPA/452/R-14-004a [R/OL]. https: //www.epa.gov/naaqs/ozone-o3-standards-risk-and-exposure-assessments-current-review.

VAN DINGENEN R, DENTENER F J, RAES F, et al. 2009. The global impact of ozone on agricultural crop yields under current and future air quality legislation[J]. Atmospheric Environment, 43 (3): 604-618.

WANG H, WANG W, HUANG X, et al. 2020. Impacts of stratosphere-to-troposphere-transport on summertime surface ozone over Eastern China[J]. Science Bulletin, 65 (4): 276-279.

WANG H, XUE M, ZHANG X, et al. 2015. Mesoscale modeling study of the interactions between aerosols and PBL meteorology during a haze episode in Jing-Jin-Ji (China) and its nearby surrounding region-Part 1: Aerosol distributions and meteorological features[J]. Atmospheric Chemistry and Physics, 15 (6): 3257-3275.

WANG M, QIN W, CHEN W, et al. 2020. Seasonal variability of VOCs in Nanjing, Yangtze River Delta: Implications for emission sources and photochemistry[J]. Atmospheric Environment, 223: 117254.

WANG P, CHEN Y, HU J, et al. 2019. Attribution of tropospheric ozone to $NO_x$ and VOC emissions: Considering ozone formation in the transition regime[J]. Environmental Science and Technology, 53 (3): 1404-1412.

WANG T, XUE L K, BRIMBLECOMBE P, et al. 2017. Ozone pollution in China: A review of concentrations, meteorological influences, chemical precursors, and effects[J]. Science of the Total Environment, 575: 1582-1596.

WORDEN H M, BOWMAN K W, WORDEN J R, et al. 2008. Satellite measurements of the clear-sky greenhouse effect from tropospheric ozone[J]. Nature Geoscience, 1 (5): 305.

XIE M, ZHU K, WANG T, et al. 2016. Temporal characterization and regional contribution to $O_3$ and $NO_x$ at an urban and a suburban site in Nanjing, China[J]. Science of the Total Environment, 551: 533-545.

XU Z, HUANG X, NIE W, et al. 2018. Impact of biomass burning and vertical mixing of residual-layer aged plumes on ozone in the Yangtze River Delta, China: A tethered-balloon measurement and modeling study of a multiday ozone episode[J]. Journal of Geophysical Research: Atmospheres, 123: 11786-11803.

XUE L, DING A, COOPER O, et al. 2020. ENSO and Southeast Asian biomass burning modulate subtropical trans-Pacific ozone transport[J]. National Science Review, nwaa132.

YANG Y, LIAO H, LI J. 2014. Impacts of the East Asian summer monsoon on interannual variations of summertime surface-layer ozone concentrations over China[J]. Atmospheric Chemistry and Physics, 14: 6867-6879.

YIN Z, WANG H, LI Y, et al. 2019. Links of climate variability in Arctic sea ice, Eurasian teleconnection pattern and summer surface ozone pollution in North China[J]. Atmospheric Chemistry and Physics，19：3857-3871.

ZHANG B，ZHAO X，ZHANG J. 2019. Characteristics of peroxyacetyl nitrate pollution during a 2015 winter haze episode in Beijing[J]. Environmental Pollution，244：379-387.

ZHANG K，ZHOU L，FU Q，et al. 2019. Vertical distribution of ozone over Shanghai during late spring：A balloon-borne observation[J]. Atmospheric Environment，208：48-60.

ZHANG Q，ZHENG Y，TONG D，et al. 2019. Drivers of improved $PM_{2.5}$ air quality in China from 2013 to 2017[J]. Proceedings of the National Academy of Sciences，116（49）：24463-24469.

ZHAO W，FAN S J，GUO H，et al. 2016. Assessing the impact of local meteorological variables on surface ozone in Hong Kong during 2000—2015 using quantile and multiple line regression models[J]. Atmospheric Environment，144：182-193.

ZHENG J，SHAO M，CHE W，et al. 2009. Speciated VOC emission inventory and spatial patterns of ozone formation potential in the Pearl River Delta，China[J]. Environmental Science and Technology，43（22）：8580-8586.

ZHENG J，ZHANG L，CHE W，et al. 2009. A highly resolved temporal and spatial air pollutant emission inventory for the Pearl River Delta region，China and its uncertainty assessment[J]. Atmospheric Environment，43（32）：5112-5122.

ZHOU Z，TAN Q，DENG Y，et al. 2019. Emission inventory of anthropogenic air pollutant sources and characteristics of VOCs species in Sichuan Province，China[J]. Journal of Atmospheric Chemistry，76（1）：21-58.

ZHU J，CHEN L，LIAO H，et al. 2019. Correlations between $PM_{2.5}$ and ozone over China and associated underlying reasons[J]. Atmosphere，10：352.

ZHU L，SHEN D. LUO K. 2020. A critical review on VOCs adsorption by different porous materials：Species，mechanisms and modification methods[J]. Journal of Hazardous Materials，389：122102.

# 附　录

## 附录 1　臭氧污染评价指标

汇总国内外臭氧评价指标如附表 1 所示，共 11 个臭氧指标，这些指标包括常用的臭氧标准统计数据，如中位数（Median）、第 98 百分位数（Perc98）、日最大 8 小时滑动平均浓度（MDA8），日间平均臭氧量（DTAVG），以及其他用于评估人类健康和植被暴露影响的指标。

附表 1　臭氧指标的定义与计算方法（$1ppb = 10^{-9}$）

| 指标[单位] | 定义 |
|---|---|
| Median [ppb] | 臭氧小时浓度中位数 |
| Perc98 [ppb] | 臭氧小时浓度的 98%分位数 |
| DTAVG [ppb] | 日间平均臭氧量，当地时间 08:00—20:00 的 12 小时内臭氧浓度的小时平均值 |
| MDA1 [ppb] | 臭氧日最大 1 小时浓度 |
| MDA8 [ppb] | 臭氧日最大 8 小时滑动平均浓度 |
| AVGMDA8 [ppb] | 研究时段内 MDA8 的平均值 |
| 4MDA8 [ppb] | 将 MDA8 从大到小排序，处于第四位的值 |
| SOMO35 [ppb/day] | MDA8 与 35 ppb 之间的正差值之和 |
| NDGT70 [day] | MDA8＞70 ppb 的总天数 |
| AOT40 [ppb/hour] | 超过 40 ppb 的臭氧小时浓度累计值 |
| W126 [ppb/hour] | 每日 W126 使用以下公式计算：$W126 = \sum_i w_i \times C_i$，其中 $C_i$ 表示当地时间 08:00—20:00 的 12 小时内每小时的臭氧浓度，$w_i$ 是加权指数，定义为 $w_i = \dfrac{1}{[1 + M \cdot \exp(-A \cdot C_i / 1000)]}$，$M = 4403$，$A = 126$. |
| Exceedance [day] | 臭氧浓度超过中国二级国家空气质量标准（定义为 MDA8＞160 μg/m³ 或 MDA1＞200μg/m³）的天数 |

## 附录 2　图 2.2 中城市编号与城市名或地区名的对应关系

由臭氧年评价值由低至高排列：1—鸡西市；2—黑河市；3—甘孜州；4—伊春市；5—大兴安岭地区；6—齐齐哈尔市；7—鹤岗市；8—那曲地区；9—广元市；10—双鸭山市；11—怒江州；12—佳木斯市；13—牡丹江市；14—通化市；15—河池市；16—黔东南州；17—塔城地区；18—呼伦贝尔市；19—阿坝州；20—林芝地区；21—六盘水市；22—七台河市；23—巴中市；24—昌都地区；25—兴安盟；26—迪庆州；27—绥化市；28—哈尔滨市；29—百色市；30—延边州；31—龙岩市；32—黔南州；33—玉树州；34—大庆市；35—三明市；36—库尔勒市；37—三亚市；38—文山州；39—丽江市；40—黄南州；41—黔西南州；42—湘西州；43—安顺市；44—白银市；45—白城市；46—崇左市；47—大理州；48—哈密地区；49—和田地区；50—阿里地区；51—松原市；52—铜仁地区；53—南平市；54—昌吉州；55—张家界市；56—安康市；57—宁德市；58—遵义市；59—德宏州；60—甘南州；61—锡林郭勒盟；62—陇南市；63—伊犁哈萨克州；64—汉中市；65—钦州市；66—贵阳市；67—山南地区；68—毕节市；69—防城港市；70—达州市；71—赤峰市；72—克拉玛依市；73—南宁市；74—贺州市；75—舟山市；76—五家渠市；77—临夏州；78—丹东市；79—梧州市；80—河源市；81—天水市；82—保山市；83—乌鲁木齐市；84—阿勒泰地区；85—白山市；86—楚雄州；87—梅州市；88—通辽市；89—恩施州；90—拉萨市；91—博州；92—固原市；93—阿克苏地区；94—西宁市；95—南充市；96—吐鲁番地区；97—平凉市；98—定西市；99—雅安市；100—柳州市；101—昭通市；102—丽水市；103—玉林市；104—怀化市；105—长春市；106—温州市；107—乐山市；108—庆阳市；109—石河子市；110—临沧市；111—红河州；112—景德镇市；113—金昌市；114—宣城市；115—海口市；116—昆明市；117—莆田市；118—厦门市；119—武威市；120—吉林市；121—云浮市；122—本溪市；123—喀什地区；124—西双版纳州；125—酒泉市；126—遂宁市；127—广安市；128—日喀则地区；129—绵阳市；130—桂林市；131—阿图什市；132—汕尾市；133—福州市；134—六安市；135—嘉峪关市；136—衢州市；137—北海市；138—商洛市；139—张掖市；140—宝鸡市；

141—果洛州；142—郴州市；143—十堰市；144—漳州市；145—中卫市；146—辽阳市；147—普洱市；148—韶关市；149—内江市；150—玉溪市；151—泉州市；152—攀枝花市；153—惠州市；154—海东地区；155—曲靖市；156—汕头市；157—贵港市；158—包头市；159—延安市；160—永州市；161—新余市；162—巴彦淖尔市；163—黄山市；164—台州市；165—潮州市；166—来宾市；167—海南州；168—揭阳市；169—宜宾市；170—茂名市；171—上饶市；172—吴忠市；173—凉山州；174—呼和浩特市；175—阿拉善盟；176—衡阳市；177—邵阳市；178—海北藏族自治州；179—资阳市；180—泸州市；181—湛江市；182—德阳市；183—银川市；184—铁岭市；185—娄底市；186—大同市；187—石嘴山市；188—清远市；189—益阳市；190—南昌市；191—九江市；192—兰州市；193—铜陵市；194—宁波市；195—阳江市；196—阜新市；197—四平市；198—上海市；199—乌兰察布市；200—宜春市；201—乌海市；202—吉安市；203—辽源市；204—眉山市；205—大连市；206—青岛市；207—海西州；208—赣州市；209—蚌埠市；210—深圳市；211—沈阳市；212—自贡市；213—抚州市；214—鞍山市；215—锦州市；216—萍乡市；217—鄂尔多斯市；218—葫芦岛市；219—盘锦市；220—鹰潭市；221—金华市；222—朝阳市；223—重庆市；224—珠海市；225—铜川市；226—朔州市；227—抚顺市；228—荆州市；229—南通市；230—随州市；231—榆林市；232—成都市；233—盐城市；234—常德市；235—淮安市；236—烟台市；237—肇庆市；238—三门峡市；239—襄阳市；240—株洲市；241—张家口市；242—绍兴市；243—鄂州市；244—咸阳市；245—荆门市；246—宜昌市；247—承德市；248—岳阳市；249—吕梁市；250—湘潭市；251—安庆市；252—黄石市；253—西安市；254—威海市；255—营口市；256—日照市；257—连云港市；258—合肥市；259—黄冈市；260—滁州市；261—广州市；262—嘉兴市；263—忻州市；264—长沙市；265—孝感市；266—咸宁市；267—渭南市；268—苏州市；269—池州市；270—淮南市；271—商丘市；272—信阳市；273—芜湖市；274—泰州市；275—阜阳市；276—亳州市；277—宿州市；278—驻马店市；279—杭州市；280—周口市；281—南京市；282—宿迁市；283—秦皇岛市；284—扬州市；285—徐州市；286—武汉市；287—漯河市；288—南阳市；289—许昌市；290—马鞍山市；291—菏泽市；292—佛山市；293—无锡市；294—常州市；295—中山市；296—运城市；

297—镇江市；298—淮北市；299—潍坊市；300—平顶山市；301—新乡市；302—沧州市；303—阳泉市；304—太原市；305—濮阳市；306—湖州市；307—东莞市；308—长治市；309—洛阳市；310—枣庄市；311—唐山市；312—开封市；313—临沂市；314—泰安市；315—北京市；316—衡水市；317—郑州市；318—晋中市；319—济宁市；320—鹤壁市；321—廊坊市；322—江门市；323—天津市；324—焦作市；325—晋城市；326—德州市；327—济南市；328—邯郸市；329—临汾市；330—安阳市；331—保定市；332—淄博市；333—东营市；334—石家庄市；335—滨州市；336—邢台市；337—聊城市，共 337 个城市。其中超标城市 161 个，序号从 177 至 337；中度污染城市 18 个，序号从 320 至 337。

# 附录3　京津冀、长三角、珠三角、成渝地区
## 和汾渭平原城市群包含城市

| 城市群 | 城市 |
|---|---|
| 京津冀 | 北京市、天津市、石家庄市、唐山市、秦皇岛市、邯郸市、邢台市、保定市、承德市、沧州市、廊坊市、衡水市、张家口市 |
| 长三角 | 上海市、南京市、无锡市、徐州市、常州市、苏州市、南通市、连云港市、淮安市、盐城市、扬州市、镇江市、泰州市、宿迁市、杭州市、宁波市、温州市、嘉兴市、湖州市、金华市、衢州市、舟山市、台州市、丽水市、绍兴市、合肥市、芜湖市、蚌埠市、淮南市、马鞍山市、淮北市、铜陵市、安庆市、黄山市、滁州市、阜阳市、宿州市、六安市、亳州市、池州市、宣城市 |
| 珠三角 | 广州市、深圳市、珠海市、佛山市、江门市、肇庆市、惠州市、东莞市、中山市 |
| 成渝地区 | 重庆市、成都市、德阳市、绵阳市、乐山市、眉山市、资阳市 |
| 汾渭平原 | 晋中市、运城市、临汾市、吕梁市、洛阳市、三门峡市、西安市、铜川市、宝鸡市、咸阳市、渭南市 |

## 附录4　图2.4中城市编号与城市名或地区名的对应关系

　　由臭氧为首要污染物占比大小排列：1—阿坝州；2—甘孜州；3—黑河市；4—大兴安岭地区；5—六盘水市；6—丽江市；7—楚雄州；8—大理州；9—德宏州；10—怒江州；11—迪庆州；12—阿勒泰地区；13—昌都市；14—那曲地区；15—阿里地区；16—林芝县；17—呼伦贝尔市；18—哈密市；19—巴州；20—和田地区；21—阿克苏地区；22—定西市；23—博州；24—白银市；25—吐鲁番地区；26—甘南州；27—陇南市；28—兴安盟；29—天水市；30—广元市；31—齐齐哈尔市；32—五家渠市；33—鸡西市；34—乌鲁木齐市；35—巴中市；36—安康市；37—昌吉州；38—伊犁州；39—克拉玛依市；40—恩施州；41—湘西州；42—百色市；43—河池市；44—黔东南州；45—黔南州；46—玉树州；47—喀什地区；48—武威市；49—汉中市；50—牡丹江市；51—铜仁市；52—双鸭山市；53—固原市；54—金昌市；55—西宁市；56—石河子市；57—克州；58—酒泉市；59—庆阳市；60—临夏州；61—张掖市；62—中卫市；63—平凉市；64—七台河市；65—宝鸡市；66—佳木斯市；67—嘉峪关市；68—南充市；69—宣城市；70—黄南州；71—白城市；72—张家界市；73—哈尔滨市；74—松原市；75—延边州；76—大庆市；77—西双版纳州；78—鹤岗市；79—达州市；80—通化市；81—锡林郭勒盟；82—商洛市；83—绥化市；84—长春市；85—塔城地区；86—吉林市；87—包头市；88—益阳市；89—辽阳市；90—通辽市；91—咸阳市；92—十堰市；93—铜陵市；94—蚌埠市；95—巴彦淖尔市；96—本溪市；97—丹东市；98—乐山市；99—毕节市；100—襄阳市；101—三门峡市；102—贵阳市；103—延安市；104—吴忠市；105—呼和浩特市；106—铜川市；107—六安市；108—伊春市；109—崇左市；110—临沧市；111—荆门市；112—红河州；113—海东市；114—朔州市；115—阿拉善盟；116—柳州市；117—绵阳市；118—玉林市；119—永州市；120—铁岭市；121—西安市；122—渭南市；123—石嘴山市；124—青岛市；125—宜宾市；126—德阳市；127—宜昌市；128—大同市；129—兰州市；130—亳州市；131—内江市；132—商丘市；133—衡阳市；134—邵阳市；135—淮安市；136—阜阳市；137—雅安市；138—鞍山市；139—广安市；140—自贡市；141—赤峰市；142—

锦州市；143—周口市；144—沈阳市；145—抚顺市；146—荆州市；147—淮南市；148—常德市；149—漯河市；150—洛阳市；151—文山州；152—怀化市；153—日照市；154—濮阳市；155—资阳市；156—乌海市；157—南阳市；158—九江市；159—菏泽市；160—桂林市；161—葫芦岛市；162—淮北市；163—白山市；164—随州市；165—太原市；166—枣庄市；167—南宁市；168—盘锦市；169—潍坊市；170—泸州市；171—盐城市；172—运城市；173—临沂市；174—安阳市；175—平顶山市；176—宿州市；177—徐州市；178—泰安市；179—许昌市；180—滁州市；181—新乡市；182—邯郸市；183—连云港市；184—景德镇市；185—湘潭市；186—株洲市；187—驻马店市；188—石家庄市；189—娄底市；190—榆林市；191—开封市；192—郑州市；193—四平市；194—阜新市；195—大连市；196—成都市；197—忻州市；198—烟台市；199—邢台市；200—银川市；201—上海市；202—南昌市；203—营口市；204—衡水市；205—贵港市；206—信阳市；207—阳泉市；208—鹤壁市；209—贺州市；210—焦作市；211—来宾市；212—南通市；213—德州市；214—合肥市；215—沧州市；216—济宁市；217—唐山市；218—聊城市；219—遂宁市；220—宁德市；221—朝阳市；222—保定市；223—吕梁市；224—宿迁市；225—武汉市；226—安庆市；227—泰州市；228—鄂州市；229—济南市；230—孝感市；231—晋城市；232—长沙市；233—扬州市；234—辽源市；235—淄博市；236—天津市；237—常州市；238—钦州市；239—萍乡市；240—秦皇岛市；241—临汾市；242—滨州市；243—衢州市；244—苏州市；245—芜湖市；246—郴州市；247—晋中市；248—东营市；249—海南州；250—镇江市；251—长治市；252—重庆市；253—鄂尔多斯市；254—北京市；255—绍兴市；256—眉山市；257—廊坊市；258—岳阳市；259—马鞍山市；260—黄石市；261—海西州；262—遵义市；263—梧州市；264—南京市；265—威海市；266—池州市；267—新余市；268—黄冈市；269—无锡市；270—舟山市；271—山南市；272—普洱市；273—清远市；274—宁波市；275—承德市；276—嘉兴市；277—肇庆市；278—泉州市；279—咸宁市；280—防城港市；281—上饶市；282—张家口市；283—台州市；284—湖州市；285—黄山市；286—广州市；287—北海市；288—杭州市；289—梅州市；290—鹰潭市；291—宜春市；292—攀枝花市；293—厦门市；294—福州市；295—金华市；296—抚州市；297—乌兰察布市；298—吉安市；299—中山市；300—佛

山市；301—云浮市；302—阳江市；303—珠海市；304—莆田市；305—揭阳市；306—昆明市；307—韶关市；308—江门市；309—东莞市；310—赣州市；311—温州市；312—海北州；313—玉溪市；314—茂名市；315—潮州市；316—惠州市；317—深圳市；318—丽水市；319—凉山州；320—拉萨市；321—南平市；322—龙岩市；323—安顺市；324—三明市；325—昭通市；326—黔西南州；327—保山市；328—三亚市；329—果洛州；330—日喀则市；331—河源市；332—漳州市；333—曲靖市；334—汕头市；335—汕尾市；336—海口市；337—湛江市，共 337 个城市。其中臭氧为首要污染物天数占比超过 50%的城市有 119 个，序号从 219 至 337。

## 附录 5　图 2.8 中城市编号与城市名或地区名的对应关系

1—北京市；2—天津市；3—石家庄市；4—唐山市；5—秦皇岛市；6—邯郸市；7—邢台市；8—保定市；9—承德市；10—沧州市；11—廊坊市；12—衡水市；13—张家口市；14—太原市；15—大同市；16—阳泉市；17—长治市；18—晋城市；19—朔州市；20—晋中市；21—运城市；22—忻州市；23—临汾市；24—吕梁市；25—呼和浩特市；26—包头市；27—乌海市；28—赤峰市；29—通辽市；30—鄂尔多斯市；31—呼伦贝尔市；32—巴彦淖尔市；33—乌兰察布市；34—兴安盟；35—锡林郭勒盟；36—阿拉善盟；37—沈阳市；38—大连市；39—鞍山市；40—抚顺市；41—本溪市；42—丹东市；43—锦州市；44—营口市；45—阜新市；46—辽阳市；47—盘锦市；48—铁岭市；49—朝阳市；50—葫芦岛市；51—长春市；52—吉林市；53—四平市；54—辽源市；55—通化市；56—白山市；57—松原市；58—白城市；59—延边朝鲜族自治州；60—哈尔滨市；61—齐齐哈尔市；62—鸡西市；63—鹤岗市；64—双鸭山市；65—大庆市；66—伊春市；67—佳木斯市；68—七台河市；69—牡丹江市；70—黑河市；71—绥化市；72—大兴安岭地区；73—上海市；74—南京市；75—无锡市；76—徐州市；77—常州市；78—苏州市；79—南通市；80—连云港市；81—淮安市；82—盐城市；83—扬州市；84—镇江市；85—泰州市；86—宿迁市；87—杭州市；88—宁波市；89—温州市；90—嘉兴市；91—湖州市；92—金华市；93—衢州市；94—舟山市；95—台州市；96—丽水市；97—绍兴市；98—合肥市；99—芜湖市；100—蚌埠市；101—淮南市；102—马鞍山市；103—淮北市；104—铜陵市；105—安庆市；106—黄山市；107—滁州市；108—阜阳市；109—宿州市；110—六安市；111—亳州市；112—池州市；113—宣城市；114—福州市；115—厦门市；116—莆田市；117—三明市；118—泉州市；119—漳州市；120—南平市；121—龙岩市；122—宁德市；123—南昌市；124—景德镇市；125—萍乡市；126—九江市；127—新余市；128—鹰潭市；129—赣州市；130—吉安市；131—宜春市；132—抚州市；133—上饶市；134—济南市；135—青岛市；136—淄博市；137—枣庄市；138—东营市；139—烟台市；140—潍坊市；141—济宁市；142—泰安市；143—威海市；144—日照市；145—

临沂市；146—德州市；147—聊城市；148—滨州市；149—菏泽市；150—郑州市；151—开封市；152—洛阳市；153—平顶山市；154—安阳市；155—鹤壁市；156—新乡市；157—焦作市；158—濮阳市；159—许昌市；160—漯河市；161—三门峡市；162—南阳市；163—商丘市；164—信阳市；165—周口市；166—驻马店市；167—武汉市；168—黄石市；169—十堰市；170—宜昌市；171—襄阳市；172—鄂州市；173—荆门市；174—孝感市；175—荆州市；176—黄冈市；177—咸宁市；178—随州市；179—恩施土家族苗族自治州；180—长沙市；181—株洲市；182—湘潭市；183—衡阳市；184—邵阳市；185—岳阳市；186—常德市；187—张家界市；188—益阳市；189—郴州市；190—永州市；191—怀化市；192—娄底市；193—湘西州；194—广州市；195—韶关市；196—深圳市；197—珠海市；198—汕头市；199—佛山市；200—江门市；201—湛江市；202—茂名市；203—肇庆市；204—惠州市；205—梅州市；206—汕尾市；207—河源市；208—阳江市；209—清远市；210—东莞市；211—中山市；212—潮州市；213—揭阳市；214—云浮市；215—南宁市；216—柳州市；217—桂林市；218—梧州市；219—北海市；220—防城港市；221—钦州市；222—贵港市；223—玉林市；224—百色市；225—贺州市；226—河池市；227—来宾市；228—崇左市；229—海口市；230—三亚市；231—重庆市；232—成都市；233—自贡市；234—攀枝花市；235—泸州市；236—德阳市；237—绵阳市；238—广元市；239—遂宁市；240—内江市；241—乐山市；242—南充市；243—眉山市；244—宜宾市；245—广安市；246—达州市；247—雅安市；248—巴中市；249—资阳市；250—阿坝藏族羌族自治州；251—甘孜藏族自治州；252—凉山彝族自治州；253—贵阳市；254—六盘水市；255—遵义市；256—安顺市；257—铜仁地区；258—黔西南布依族苗族自治州；259—毕节市；260—黔东南苗族侗族自治州；261—黔南布依族苗族自治州；262—昆明市；263—曲靖市；264—玉溪市；265—保山市；266—昭通市；267—丽江市；268—普洱市；269—临沧市；270—楚雄州；271—红河州；272—文山州；273—西双版纳州；274—大理州；275—德宏州；276—怒江州；277—迪庆州；278—拉萨市；279—昌都市；280—山南市；281—日喀则市；282—那曲地区；283—阿里地区；284—林芝县；285—西安市；286—铜川市；287—宝鸡市；288—咸阳市；289—渭南市；290—延安市；291—汉中市；292—榆林市；293—安康市；294—商洛市；295—兰州市；296—嘉峪关

市；297—金昌市；298—白银市；299—天水市；300—武威市；301—张掖市；302—平凉市；303—酒泉市；304—庆阳市；305—定西市；306—陇南市；307—临夏回族自治州；308—甘南州；309—西宁市；310—海东地区；311—海北藏族自治州；312—黄南藏族自治州；313—海南藏族自治州；314—果洛藏族自治州；315—玉树藏族自治州；316—海西蒙古族藏族自治州；317—银川市；318—石嘴山市；319—吴忠市；320—固原市；321—中卫市；322—乌鲁木齐市；323—克拉玛依市；324—吐鲁番地区；325—哈密地区；326—昌吉州；327—博尔塔拉蒙古自治州；328—巴音郭楞州；329—阿克苏地区；330—克孜勒苏柯尔克孜自治州；331—喀什地区；332—和田地区；333—伊犁哈萨克州；334—塔城地区；335—阿勒泰地区；336—石河子市；337—五家渠市。

# 《中国大气臭氧污染防治蓝皮书（2020年）》
## 编写组具体名单

**主　　编：**

　　张远航　中国工程院院士 北京大学环境科学与工程学院教授

**执行主编：**

　　郑君瑜　暨南大学环境与气候研究院副院长，教授

　　陈长虹　上海市环境科学研究院大气环境研究所原所长，教授级高
　　　　　　级工程师


**核心编写成员**（按姓氏汉语拼音排序）：

　　何建军　中国气象科学研究院副研究员

　　胡建林　南京信息工程大学环境科学与工程学院教授

　　黄　成　上海市环境科学研究院大气环境研究所所长，高级工程师

　　黄志炯　暨南大学环境与气候研究院副研究员

　　李　红　中国环境科学研究院研究员

　　李　杰　中国科学院大气物理研究所研究员

　　李　歆　北京大学环境科学与工程学院研究员

　　李健军　中国环境监测总站研究员

　　陆克定　北京大学环境科学与工程学院研究员

　　谭钦文　成都市环境保护科学研究院院长，教授级高级工程师

唐　伟　中国环境科学研究院副研究员

王　帅　中国环境监测总站高级工程师（正高级）

王红丽　上海市环境科学研究院大气环境研究所副所长，高级工程师

薛丽坤　山东大学环境研究院副院长，教授

薛文博　生态环境部环境规划院研究员

余运波　中国科学院生态环境研究中心研究员

袁自冰　华南理工大学环境与能源学院教授

张宏亮　复旦大学环境科学与工程系教授

## 各章节主要编写成员*：

### 第一章　导语

袁自冰　华南理工大学环境与能源学院教授（召集人）

薛丽坤　山东大学环境研究院副院长，教授（召集人）

董　灿　山东大学环境研究院博士后

吕效谱　香港理工大学土木与环境工程学系研究助理教授

申恒青　山东大学环境研究院博士后

徐婉筠　中国气象科学研究院副研究员

张　霖　北京大学物理学院研究员

张艳利　中国科学院广州地球化学研究所研究员

赵恺辉　华南理工大学环境与能源学院助理研究员

---

\* 各章节主要编写成员的排序，召集人在前，其后按姓氏汉语拼音排序。

**第二章　现状与演变**

李　歆　北京大学环境科学与工程学院研究员（召集人）

王　帅　中国环境监测总站高级工程师（召集人）

毕　方　中国环境科学研究院工程师

程麟钧　中国环境监测总站高级工程师

郭　海　香港理工大学土木与环境工程学系教授

李　红　中国环境科学研究院研究员


**第三章　成因与来源**

陆克定　北京大学环境科学与工程学院研究员（召集人）

胡建林　南京信息工程大学环境科学与工程学院教授（召集人）

陈文泰　南京科略环境科技有限责任公司总经理，工程师

龚山陵　中国气象科学研究院研究员

何建军　中国气象科学研究院副研究员

康明洁　复旦大学环境科学与工程系博士后

廖　宏　南京信息工程大学环境科学与工程学院院长，教授

刘禹含　北京大学环境科学与工程学院博士后

乔　雪　四川大学新能源与低碳技术研究院副研究员

秦墨梅　南京信息工程大学环境科学与工程学院讲师

谭照峰　德国于利希研究中心助理研究员

王　鸣　南京信息工程大学环境科学与工程学院副教授

王海潮　中山大学大气科学学院副教授

徐　勇　扬州大学园艺与植物保护学院讲师

张　霖　北京大学物理学院研究员

朱　佳　南京信息工程大学环境科学与工程学院讲师

## 第四章　技术与管理

李　杰　中国科学院大气物理研究所研究员（召集人）

张宏亮　复旦大学环境科学与工程系教授（召集人）

柴文轩　中国环境监测总站高级工程师

陈敏东　南京信息工程大学环境科学与工程学院教授

刀　谞　中国环境监测总站高级工程师

杜　丽　中国环境监测总站高级工程师（正高级）

盖鑫磊　南京信息工程大学环境科学与工程学院副院长，教授

黄志炯　暨南大学环境与气候研究院副研究员

蒋春来　生态环境部环境规划院副研究员

李　红　中国环境科学研究院研究员

李海玮　南京信息工程大学环境科学与工程学院副教授

李健军　中国环境监测总站研究员

唐　伟　中国环境科学研究院副研究员

唐桂刚　中国环境监测总站研究员

王　鸣　南京信息工程大学环境科学与工程学院副教授

王　帅　中国环境监测总站高级工程师（正高级）

王　威　中国环境监测总站高级工程师

王晓彦　中国环境监测总站高级工程师

王彦超　生态环境部环境规划院副研究员

毋振海　中国环境科学研究院工程师

薛文博　生态环境部环境规划院研究员

余运波　中国科学院生态环境研究中心研究员

张　燕　中国科学院城市环境研究所副研究员

朱莉莉　中国环境监测总站工程师

**第五章　行动与路径**

李　红　中国环境科学研究院研究员（召集人）

黄　成　上海市环境科学研究院大气环境研究所所长，高级工程师
　　　　（召集人）

安静宇　上海市环境科学研究院工程师

高　锐　中国环境科学研究院高级工程师

雷　宇　生态环境部环境规划院大气环境规划研究所所长，研究员

李　洋　中国环境科学研究院助理研究员

李敏辉　广东省环境科学研究院工程师

廖程浩　广东省环境科学研究院大气环境研究所所长，高级工程师

鲁　君　上海市环境科学研究院工程师

宁　淼　生态环境部环境规划院大气环境规划研究所副所长，研
　　　　究员

谭钦文　成都市环境保护科学研究院院长，教授级高级工程师

唐　伟　中国环境科学研究院副研究员

严茹莎　上海市环境科学研究院工程师

于　扬　中国环境科学研究院助理研究员

赵秀颖　广东省环境科学研究院高级工程师


**第六章　探索与实践**

黄　成　上海市环境科学研究院大气环境研究所所长，高级工程师
　　　　（召集人）

谭钦文　成都市环境保护科学研究院院长，教授级高级工程师
　　　　（召集人）

方　渊　山东省青岛生态环境监测中心高级工程师

黄志炯　暨南大学环境与气候研究院副研究员

刘合凡　成都市环境保护科学研究院高级工程师

王　倩　上海市环境科学研究院工程师

王红丽　上海市环境科学研究院大气环境研究所副所长，高级工
　　　　程师

袁自冰　华南理工大学环境与能源学院教授


**第七章　结语**

李　红　中国环境科学研究院研究员

袁自冰　华南理工大学环境与能源学院教授